—故宫四记—

故宫园林记

—故宫四记—

故宫园林记

主　编　王亚民
副主编　赵连江　魏颖双

故宫出版社·北京
河北大学出版社·保定

图书在版编目（CIP）数据

故宫园林记 / 王亚民主编．-- 北京 ：故宫出版社，2018.12

ISBN 978-7-5134-1129-5

Ⅰ．①故… Ⅱ．①王… Ⅲ．①古典园林－建筑艺术－北京 Ⅳ．① TU-092.2

中国版本图书馆 CIP 数据核字 (2018) 第 297092 号

主　　编：王亚民

副 主 编：赵连江　魏颖双

编　　委：续君寨　沈丽霞　徐　勇　陈　旭　刘琳琳　李锡梓

图片提供：赵连江　魏颖双　刘琳琳　陈　旭　李锡梓　张　林　徐继维

责任编辑：杨付红　吴庆庆

装帧设计：赵　谦

出版发行：故宫出版社

地址：北京市东城区景山前街 4 号　邮编：100009

电话：010-85007816　010-85007808　传真：010-65129479

邮箱：ggcb@culturefc.cn　网址：www.culturefc.cn

印　　刷：北京雅昌艺术印刷有限公司

开　　本：787 毫米 × 1092 毫米　1/16

印　　张：13.75

字　　数：60 千字

图　　版：825 幅

版　　次：2018 年 12 月第 1 版第 1 次印刷

印　　数：1~2000 册

书　　号：ISBN 978-7-5134-1129-5

定　　价：96.00 元

序 言

紫禁城，这座建成于 1420 年的宫殿，以园林景观、丰富的国宝珍奇及庞大建筑群，成为中国文明无价的历史见证。1925 年，在明清皇宫——紫禁城的基础上，成立了故宫博物院。“宫”“院”合一的特殊身份，使故宫成了一座特殊的博物馆。作为世界文化遗产，我们必须严格按照真实性和完整性的保护原则,全方位地完整地对建筑、园林、文物实行保护；作为公共文化服务机构，我们应当按照国家规定的标准，配置和更新必需的服务内容和设备，加强公共空间建设，使观众获得更舒适的参观环境。

90 多年里，故宫博物院始终坚持科学的发展态度，努力实现故宫博物院保护与故宫博物院建设协调可持续发展。2012 年 1 月，单霁翔就任故宫博物院院长，在对文物建筑保护状况、文物库房藏品保存环境、开放路线观众接待条件、员工工作生活区域等进行深入调研的基础上，为消除在文物建筑、文物藏品和观众接待等各个环节存在的安全隐患，凝聚各方智慧，提出了“平安故宫”工程方案。2013 年 3 月 4 日，《“平安故宫”工程总体方案》正式上报国务院，并于同年 4 月获得批准。“平安故宫”工程作为重大文化建设工程，力图消除故宫存在的火灾隐患、基础设施隐患、观众安全隐患等七大安全问题，全面提升故宫博物院的文化遗产保护、展示传播和服务观众能力，实现故宫博物院的高水平保护和可持续发展，为传承弘扬中华优秀传统文化，满足广大民众精神文化需求，提升国家软实力做出新的贡献。

2013 年，在“平安故宫”工程总体方案和框架指引下，为解决基础设施老化陈旧、区域环境恶化、观众参观体验差等问题，故宫博物院启动了院容环境提升工作。环境提升工作注重与古建筑风貌、区域特点密切结合，“因地制宜”并“以人为本”；注重保护古建筑，还原原汁原味的故宫；注重“以方便公众为中心，满足公众需求为导向”的工作理念，从基础设施更新改造、室外区域环境提升、室内区域环境提升、园林绿化景观提升四个方面展开，不断优化环境、完善功能、提升服务，以安全、健康、全新的姿态迎接国内外观众，向成为世界一流博物馆的目标进军。

《故宫园林记》即为院容环境提升行动的忠实记录和总结。5 年里，故宫人发扬典守珍护、敬业奉献、弘扬服务、开放创新、奋发和谐的故宫精神，克服种种困难，环境提升工作取得重大成效：院内四季有景，景致宜人，皇家园林景观逐步呈现；开放面积逐步扩大，观众的参观体验更加多样化、立体化；景观提升的同时增添文化气息与人文色彩，故宫的形象品位与环境品质得以重塑。一个平安、和谐、美丽的故宫，逐渐呈现在观众面前。

是为序。

王亚民
2018 年 11 月 12 日

目录

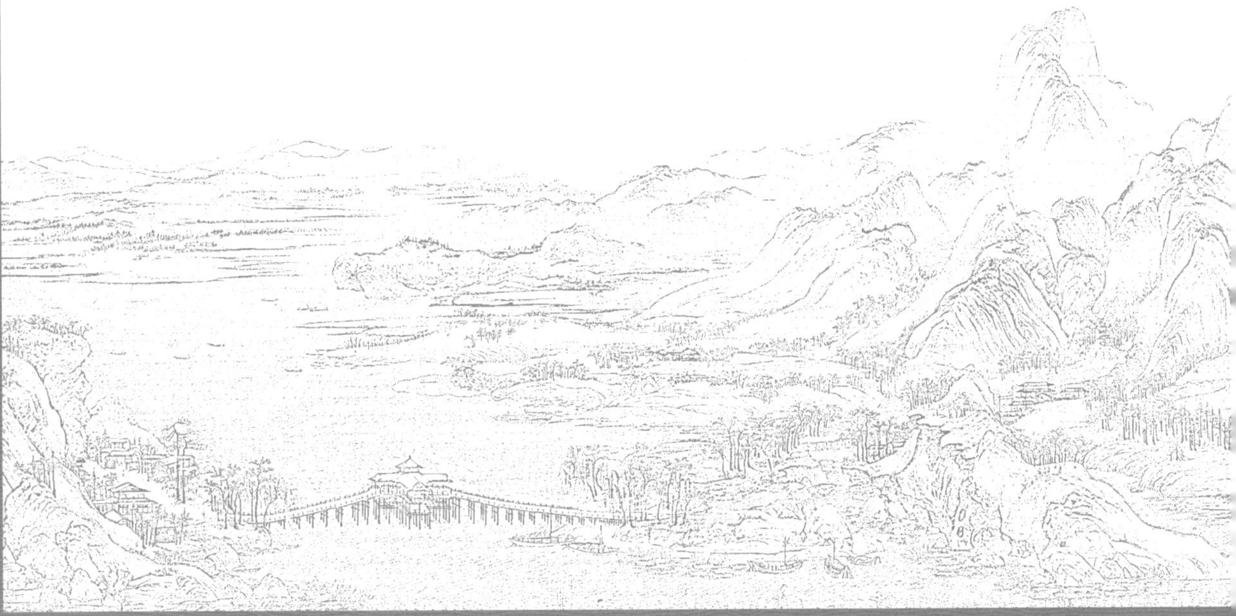

第一章

环境提升是历史和现实的选择

建成于1420年的紫禁城，2020年将迎来600岁生日；1925年在紫禁城基础上成立的故宫博物院，距今已有90多年的历史。90多年里，故宫博物院以它雄伟壮丽的宫廷建筑、丰富的国宝珍奇、渊深流远的历史文化、蓬勃发展的博物馆事业，得到了各国人民的重视，成为传播中华民族文化的重要载体，吸引了数以亿计的国内外观众前来参观游览。面对蓬勃发展的博物馆事业，故宫博物院为全面提升文化遗产保护、展示传播和服务观众的能力，实现故宫博物院的高水平保护利用和可持续发展，2013年正式启动以消除故宫存在的七大安全隐患为目标的“平安故宫”工程。随着工程的逐步推进，环境不和谐、景观待优化的问题越发凸显。

第一节 环境提升的背景

一、紫禁城，宫殿与园林相得益彰，营造完美空间

紫禁城，中国明清两代的皇家宫殿，位于北京中轴线的中心，是中国古代宫廷建筑之精华，也是世界上现存规模最大、保存最为完整的木质结构古建筑群。总体布局以轴线为主，左右对称。建筑分布根据朝政活动和日常起居的需要，分为南北两个部分，以保和殿后至乾清门前之间的横向广场分割内外，形成了宫殿建筑外朝内廷的布局。外朝布局疏朗，内廷布局紧凑，在空间组合上呈现出纵横交错、疏密相间、起伏错落的特点。紫禁城宫殿的建筑装饰，也以结构构件为基础，在实用的基础上呈现出多姿多彩、美轮美奂的艺术效果：宫门前纵横成行、金光灿灿的门钉，殿堂屋顶上造型优美、形象生动的吻兽，以及雄伟壮丽的“三台”石雕艺术，在满足构造功能需要的前提下，又给人以美的享受。

明清两代，皇家在建造宫殿的同时，以巨大的人力与财力不断地营建园林，至清代康熙、雍正、乾隆时而达到高潮。紫禁城中的园林，均系内廷宫殿的附属花园，比较集中的有四处：御花园、宁寿宫花园、慈宁宫花园和建福宫花园。这四个小花园相对于北海、颐和园等皇家园林而言，具有占地面积小、地块方正、水源少、缺乏自然环境烘托的特点。古代工匠借鉴南北造园的艺术精华，根据每个花园的地理位置与所承担的功能，巧用智慧及精湛的造园技艺，叠山理水，栽植花木，亭台楼榭，错落有致，与周围建筑巧妙地融合在一起，相得益彰，

为紫禁城内的红墙琉璃瓦添置了一处处意趣别致的庭院景色。宫内园林植物的配置，既有中国传统风格又有自身特点。首先，宫中的树和花都要有吉庆的称呼，寓意祥瑞。松柏是园林中首选的树种，其次配有槐、银杏、楸等寿命较长、象征子孙繁茂的乔木。海棠、玉兰、竹、梅、芍药、牡丹等，因外观姿态寓有繁茂、富贵、清雅等吉祥寓意，也是宫内种植较多的花木。御花园内，牡丹、芍药、玉兰加以各色卵石镶拼成福、禄、寿文字及花卉图案，雍容华贵，极其富丽。其次，南北名贵花木汇集。由于受北方气候条件限制，紫禁城四季成景比较困难，为使南北植物结合成景，宫内特由南花园、奉宸苑、营造司等部门将北方不易露天培植的竹、梅、兰等高雅之物，从南方漕运到京，培育种植，然后送到宫内陈设。同时，为满足皇帝及其后妃们的需求，内务府及各地官员季节性地进贡葡萄、苹果、柑橘、香片梅、松椿、罗汉竹、牡丹、兰花、桂花、石榴、水仙、佛手等盆景、盆花等，再加上周密的构思和巧妙的配置手法，使静止拘谨的宫殿空间有了多彩生动的变化。

总之，紫禁城园林和建筑的结合，不仅是以园林植物创造自然环境，而且建筑也参与其中，共同营造空间环境，呈现了中国古代建筑艺术的完整形态。

二、建院以来的基础设施配套及园林绿化概况

1925 年 10 月 10 日，在 3000 多位社会名流的见证下，紫禁城的内廷即皇帝居住的乾清门以内区域，正式对公众开放，并有了一个崭新的名字——故宫博物院。随之，封建密闭的皇家御林成为公共空间。随着 1930 年提出的《完整故宫保管办法》逐步实施，故宫博物院成为整座紫禁城及其周围若干地段古建筑群和馆藏文物的管理机构。“宫”“院”合一，故宫作为世界文化遗产，必须实现有效保护，而作为博物院，在保护的前提和基础上，也要履行研究与展示等适度利用、服务社会以及弘扬中华文化的博物馆职能和历史使命。在此时期，园林对外开放且部分园林用作外宾接待，举行小型活动等。

1. 基础设施的不断完善

基础设施配置状况体现着一个文博单位整体事业发展水平、管理精细度与服务等级。90 多年里，故宫博物院的基础设施随着时代变迁和事业发展逐渐建设起来。

1932年2月14日，院内开始安装消防水管。

1951年9月22日，院内开辟防火交通干线。

1957年起，为保证古建筑安全，院内开始大规模安装避雷针工程。皇极殿、符望阁、乐寿堂、慈宁宫、坤宁宫、寿安宫、四个崇楼、四个角楼等各高大古建筑均安装竣工。1960年7月31日，太和门等处安装避雷针完工。

1972年，时任国家副总理李先念批示拨专款1460万元，引进热力工程，解决故宫开放区及办公区热力供应问题，取代几百年以来的煤炭取暖，确保故宫安全。1978年开始热力支线及户线安装工程，至1980年完成。

1986年6月12日，国务院批准《北京故宫消防设施规划》，并拨款2008万元。

1990年11月26日，故宫消防安全系统工程水管网工程破土动工。

1996年3月5日，故宫消防供水基础管网通过消防局复验，正式投入使用。

1998年7月，院内设计并安置文明劝导语标牌及导引标牌86块、护栏23处，至9月结束。

2002年11月22日，为了更好地向残疾人和老、弱者等社会特殊群体参观故宫提供方便，故宫博物院经过研究、酝酿，于近期投资近百万元，正式开始铺设无障碍通道。通道南起故宫内太和门东侧的昭德门，北止于神武门内。

2. 宫廷园林逐渐恢复

故宫博物院成立之初，故宫内杂草丛生，垃圾如山，满目荒凉。作为公共文化服务机构，故宫博物院在持续不断地进行古建筑修缮的同时，也陆续开展了环境提升及园林绿化工作。

1952年6月26日，开始清运院内各处积存渣土、垃圾，至年底结束。共清运183999立方米。

1957至1958年间，在东、西华门及箭亭区域陆续分散栽植柏树、柳树、白皮松及竹子等，如今长势繁茂。

20世纪50年代末期，受当时外界环境限制，在上驷院区域栽植苹果林，各院落内散植核桃、枣、杏、柿子等果树，以解决院内职工副食品短缺问题。

20世纪80年代初期，院内响应国家植树造林政策，在东、西华门区域种植松树及柏树等。改革开放后，人民生活水平日益提高，后移除苹果园，由西华门区域移植松树至上驷院，栽植榆叶梅等园林植物，逐步恢复宫廷园林景观。

20世纪90年代后，随着故宫事业的

御花园内的游人

故宫博物院第一任院长易培基与张学良在御花园内

拍摄于 20 世纪五六十年代的御花园景象

发展，院内建设了花房，每年精巧的盆景会季节性摆放在院内，为肃穆的环境带来一些灵动色彩，同时展示着故宫精湛的宫廷园艺技艺。但后因观众过多，易在花前停留致使人流堵塞等方面原因，摆花工作逐渐取消。由于园林意识淡薄，缺乏系统规划，观众进入故宫留下印象的更多还是宫殿建筑。

三、存在问题及原因分析

进入新世纪，随着对观众开放面积的不断增大，自然因素（自然风化、雨水侵蚀、植物破坏等）加上人为因素在某种程度上带来一些可逆或不可逆的破坏，以及未及时进行环境改造、提升、维护、保养等原因，使得院内区域环境呈现出以下三个主要问题：

1. 安全隐患重重

安全是故宫的生命线，是故宫博物院一切工作的前提。故宫近年来观众量逐年攀升，2012 年 10 月 2 日，是故宫历史上观众人数最多的一天，达到 18.2 万人。面对数量庞大、结构复杂的观众群，由此造成的人身伤害等突发事件威胁不断加剧。故宫博物院的基础设施大部分建于上世纪50—80年代，有的甚至可以追溯到明代，由于受当时技术发展水平的制约以及各种设施的规范标准还不健全，缺乏统一规划，老化、腐蚀严重，存在跑冒滴漏，甚至爆裂现象。另外，因办公、藏品库房面积不足等原因临时建设的“彩钢房”，既影响故宫整体环境和谐，也存在严重的火灾隐患，急需拆除或整改。上述种种问题的存在，给故宫古建筑、

观众席地而坐

南薰殿区域彩钢房

南热力区域彩钢房

文物和观众都造成了极大的安全隐患。

2. 完整形态失衡

紫禁城是中国古建筑的集大成者，中国建筑不同于西方建筑的特色之一，就是强调人与自然的和谐，处处体现“天人合一”的理念。由于历史和时代局限，故宫博物院在长期发展过程中存在着部分重建筑轻园林的现象：故宫博物院成立之初，故宫内的古建筑，除溥仪和逊清皇室居住使用的以外，大部分年久失修，有的甚至处于倾斜坍塌的危险境地。中华人民共和国成立后，故宫作为祖国的重要文化遗产，其维修和保护工作得到党中央和人民政府的极大关注和多方支持，持续开展了古建筑维修保护工程，尤其是 2002 年启动了为期 18 年的古建筑整体修缮保护工程。与此同时，作为紫禁城重要组成部分的宫廷园林却没有得到高度重视，建筑与园林的和谐统一被打破：59 栋现代建筑彩钢房、上千米金属围栏，以及横贯空中的电线电缆，犬牙交错，严重影响环境景观；园林绿

现代金属围栏、彩钢房与周围古建筑不协调

草坪退化、植被单一

化比较混乱，缺乏整体设计与精细化管理，杂乱无章，人文气息较弱；区域生态环境恶化，植被单一、草坪退化、杂草丛生、绿地地面斑秃，甚至堆放建筑杂物等。

3. 观众参观体验差

随着经济的发展和人们生活水平的不断提高，人们的精神文化需求也日益增长，观众对博物馆的要求和期望也越来越高，越来越重视参观体验满意度。故宫博物院在长期发展过程中，由于精细化管理不足，导致基础设施建设缺乏设计，出现许多与故宫整体环境不协调、不雅观、不统一的现象：线缆敷设不规范、井盖突起凹陷老旧、路面年久破损失修、城墙屋顶地面杂草丛生，各种样式、材质、颜色的自行车棚、标识牌、护栏、地面石砖、井盖等分布在院内各个角落。基础设施（路椅、井盖、石护栏、线缆、木栈道、标识牌、路灯、自行车棚、厕所等）配置与实际使用需求不相匹配的问题逐渐显露，主要包括：配套基础设施老旧、破损、不统一与不足，与周围古建筑不协调；人性化设施与服务不突出，人文关怀不足；文化服务设施缺乏等。同时，空间资源未能有效利用（金属围栏与彩钢房等现代设施、建筑占据较大区域空间资源，杂物堆放占据空间以及院内很多区域空间未被开发与利用等），导致参观环境不理想，观众游览舒适度、满意度低。

因此，随着故宫博物院近年来观众量的逐年攀升，开放面积的不断扩大，消除各种潜在的安全隐患，提升公共服务水平，还故宫以平安、和谐、美丽，已刻不容缓。环境提升是历史和现实的选择。当前，我们需要继续按照世界文化遗产保护的要求，提升整体环境与服

箭亭至消防队区域路面坑洼不平

线缆悬挂杂乱

西华门区域旧式路灯、标识牌

消防队区域花池破损、植被单一

御花园内金属围栏、地面裸露

区域景观与古建筑环境不协调，观众参观体验差

杂物凌乱堆放

路面失修、草坪退化

务水平，满足公众日益增长的文化参观与体验需求，为观众与院藏文物、古建筑提供安全的环境，争取早日进军世界一流博物馆行列。

第二节　环境提升工作的启动

一、保护世界文化遗产，做好博物馆事业

故宫，中国明清两代的皇家宫殿，旧称为紫禁城。1987年，故宫被列入《世界文化遗产名录》。世界遗产组织对故宫的评价是："紫禁城是中国五个多世纪以来的最高权力中心，它以园林景观和容纳了家具及工艺品的9000个房间的庞大建筑群，成为明清时代中国文明无价的历史见证。"可见，按照世界文化遗产真实性和完整性的保护原则，故宫是建筑、文物和园林密不可分的统一整体，必须全方位且完整地实行保护。

同时，故宫又是一座博物馆，是公共文化服务机构。作为公共文化设施管

理单位，应当按照国家规定的标准，配置和更新必需的服务内容和设备，加强公共文化设施经常性维护管理工作，保障公共文化设施的正常使用和运转；应当建立健全安全管理制度，开展公共文化设施及公众活动的安全评价，依法配备安全保护设备和人员，保障公共文化设施和公众活动安全。可见，按照博物馆开放服务规范，故宫博物院必须不断完善公共设施，提高服务水平，满足人民群众日益增长的文化需求。

面对文化遗产和博物馆的双重身份，故宫博物院坚持科学发展观，努力实现故宫保护与故宫博物院建设协调可持续发展。2005 年 3 月 5 日，国家文物局批复的《故宫保护总体规划大纲（2003–2020）》成为故宫保护的纲领性文件。该大纲以国家和北京市地方相关法律法规，以及国内和国际相关宪章、公约、文件为编制依据，对故宫的总体价值与现状、本体现状、环境现状、管理现状、基础设施现状、现存主要问题等方面进行专项评估，由此制定基本对策和专项措施。2012 年初，单霁翔就任故宫博物院院长。在深入调查、全面了解故宫保护现状的基础上，根据国务院办公厅“研究进一步加强故宫博物院建设有关问题”的会议精神，为更好地落实《故宫保护总体规划大纲》的具体规划内容，使规划更具有可操作性，在大纲的基础上继续编制《故宫保护总体规划》，同时为彻底解决故宫在各个环节存在的安全隐患，提出开展“平安故宫”工程，将紫禁城完整地交给下一个 600 年。在《故宫保护总体规划大纲》总体框架指引下，按照“平安故宫”工程的具体要求，环境整治、景观提升工作有序地开展起来。

二、成立工作小组及具体部署

2013 年，故宫博物院及时组建院容环境提升小组，小组由院领导带队，开放管理处、保卫处、院办公室、宣传教育部为主要环境提升部门，其他相关部门也为提升小组成员。院内统筹规划、区域布局，各部门按照要求结合实际，密切配合，开展院容环境提升工作。

环境提升工作以维护故宫安全为前提，从禁烟（2013 年 5 月 18 日全面禁烟）、禁火、禁车到垃圾杂草清理（2014 年提出），从石子路铺设到井盖更新，从彩钢房拆除到线缆整治，从路面更新到园林绿化、室内外区域环境提升等主要工作，具体如下：

1. 基础设施更新改造

基础设施更新改造作为环境提升工作的基础性工作，包括：增设路椅、更新井盖、更换石护栏、整治线缆、铺设木栈道、整治标识牌、更新路灯、拆除彩钢房、自行车棚改造等。整治标识牌、更新石护栏是环境提升工作的重要内容之一，为顺利推进该项提升整治工作，及时组建由院办公室、开放管理处、保卫处、宣传教育部等部门组成的标牌护栏整治小组，部门间有效分工、积极协作、细化开展全院整治工作。

2. 室外区域环境提升

此部分涉及开放区域和非开放区域，包括实录库区域、上驷院停车场区域、箭亭至消防队区域、东长房前后区域、西长房前后区域、十三排及一史馆区域等。

3. 室内区域环境提升

此部分包括建福宫、北餐厅、东餐厅等区域室内外环境的改造与提升，重点是室内的装饰装修。

4. 园林绿化景观提升

此部分主要涉及东、西华门大片开阔绿地区域、御花园区域、慈宁花园区域。

通过环境的提升、整治，景观的优化，以期达到以下目标：资源整合、空间精细化治理；在确保安全的基础上恢复古建筑风貌，还以故宫的“原汁原味”；丰富观众的参观与体验方式；提升人性化服务水平，营造紫禁城应有的人文气息与色彩；提高作为世界五大博物馆之一应有的水平与自信。

第二章

基础设施更新改造

高水平、高起点做好基础设施更新改造工作，全方位提升文化遗产保护和服务管理水平，将服务与文化有机结合，亮化“故宫名片”，是故宫博物院环境提升工作的中心内容。

观众倚坐在金属栏杆上

第一节　增设路椅

给观众提供舒适的参观与休息环境，让观众的参观行为更有尊严，是故宫环境提升工作的重要目标之一。路椅作为观众休息的重要载体，增设工作迫在眉睫。

一、原有路椅存在的问题

一是数量不足，导致观众席地而坐的现象随处可见。

二是分布不均，只能基本满足中轴线部分区域的观众休息需求。

三是设计缺乏故宫元素，感官与视觉识别度较差。

四是材质与耐用性较差，使用寿命短，维护频率高。

五是样式单一，与故宫不同区域的环境景观不相匹配，也不能满足观众多样化的需求体验。

六是功能简单，除休息功能外，没有其他附加功能。

二、路椅增设种类与数量

自 2013 年至今，随着环境提升工作的开展，从“观众方便”的角度出发，陆续增加 2200 余把路椅，分散摆放在院内的各个角落。

1. 路椅种类

根据区域空间布局、环境特点，添置不同的路椅，主要包括：路椅、餐桌椅、围树椅、条形椅、拐角椅、美人靠、墩凳、石凳等。

2. 路椅数量

2013 年至 2018 年，每年根据区域环境提升需要增设不同种类与数量的路椅。具体如下：

2013 年，增设仿古靠背路椅 500 把；2014 年，增设仿古无靠背路椅 290 把，室外餐桌椅 95 套，澄瑞亭、浮碧亭内美人靠 2 组，仿古石雕墩围树椅 17 组，仿古石雕墩凳 24 组；2015 年，增设仿古靠背路椅 400 把；2016 年，增设仿古靠背路椅 400 把，仿古石雕墩凳 34 组，仿古石雕墩拐角椅 8 组；2017 年，增设仿古靠背路椅 200 把，石质围树座椅 56 组，仿古石雕墩拐角椅 11 组，仿古石雕墩围树椅 3 组，仿古石雕墩条形椅 8 把，仿古石桌石凳 10 套；2018 年，增设仿古靠背路椅 150 把。

3. 路椅增设效果

随着路椅增设工作的有序开展，其效果也日益彰显：增加路椅数量，扩大摆放区域，让观众拥有了更多的休息空间；路椅设计因地制宜，融入故宫文化元素，与院内古建筑风貌相协调；路椅种类多样化，诸如仿古石雕墩拐角椅、无靠背路椅、美人靠、餐桌椅、石桌凳、围树椅、实木路椅，结合区域特点摆置不同样式，既能满足观众休息的需求，提升观众参观舒适度，又能满足观众饮食、交流等多元体验；新增设的美人靠、围树椅、座椅护栏等兼具美化环境、保护古树等附加功能，符合园林整体环境要求；路椅另一项附加功能在于人性化服务功能，通过增强对观众的人文关怀度，“以软纠正，取代反复说教”，达到矫正观众不文明参观游览行为的效果。同时，新增设的路椅安全，易保洁。

观众在御花园内拐角椅上休息

慈宁花园区域无靠背路椅

慈宁花园区域路椅

东华门内区域路椅

御花园亭廊下美人靠

东华门内区域餐桌椅、拐角椅

午门西卫生间外实木路椅

协和门外仿古石雕墩围树椅

御花园内花池围椅

端门区域仿古石雕墩围树椅

神武门外，观众休憩

东长房区域实木路椅

东长房区域人性化服务设施——围树椅

第二节　更新井盖

故宫博物院各专业井盖较多，共计1750套（不含安防、消防），其中开放地区共538套，非开放地区1212套，分布于各个区域。为使井盖颜色与周围地面保持一致，融入周边古建筑环境，改善整体景观效果，消除老旧井盖存在的安全隐患，故宫博物院决定对院内井盖进行更新。

井盖更新前

井盖更新后

一、老旧井盖更新试点

鉴于一次性完成井盖更新的工作工程量较大，施工周期较长，并且井盖更新项目未实施过，决定于2013年将老旧井盖更新项目（一期）作为一个试点工作进行开展。前期，经多次市场调研，复合材料井盖在承载力、环保、耐磨损、耐腐蚀等方面，均符合国家、北京市相关行业标准，也符合我院井盖更新要求。

老旧井盖更新项目（一期）共计更换井盖99套，其中配合路面敷设安装18套，院外御史衙门路面更换8套。本期更换面积较小、更换位置较为集中，涉及区域包括坤宁门广场、院办公室前排、西筒子，有一定的实验目的，旨在为井盖外观、功能性及施工做法等方面积累、总结经验。施工初期，院领导及各专业负责人对第一批的5套井盖进行查看和探讨，根据意见及时调整井盖样式及施工方法，逐步推进后续工作，保证整体工作的顺利开展，达到最初目标，提升景观效果。

二、老旧井盖更新项目逐步推进

通过老旧井盖更新项目（一期）工作的开展，及时总结成功经验，查找安装和使用中的不足，在之后的井盖更新工作中，从井盖的外观到建构都进行了改进，具体工作如下：

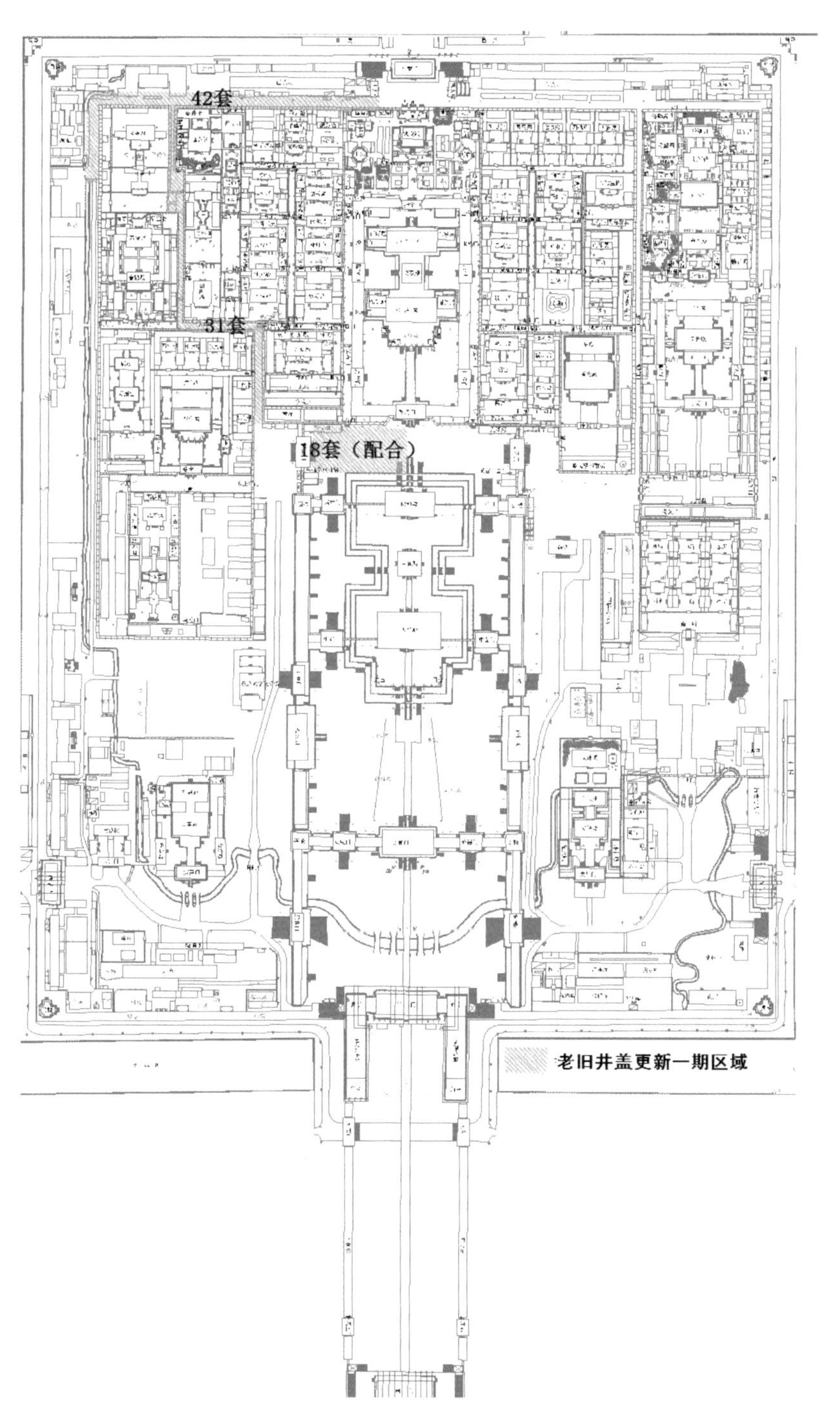

老旧井盖更新一期区域（标注绿色部分）

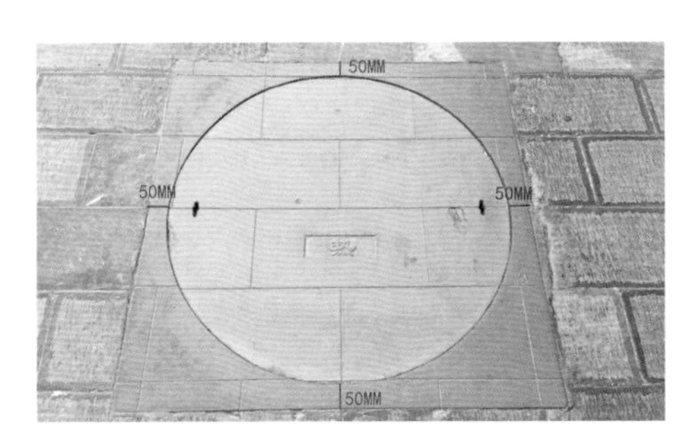

一期井盖尺寸

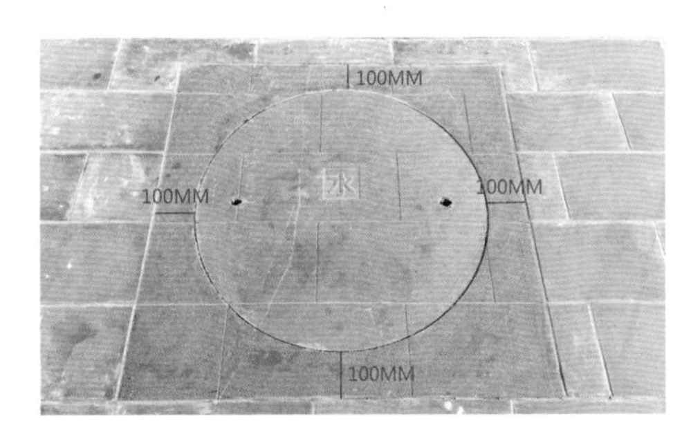

二期井盖尺寸

取色板

一期井盖更新

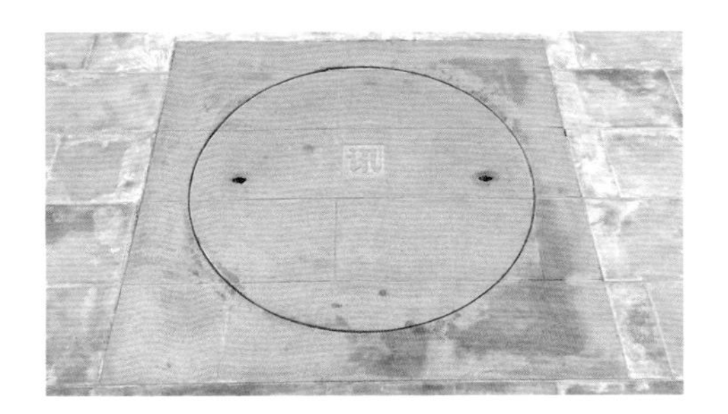

二期井盖更新

1. 更改井盖尺寸

一期井盖更新工作中，井盖尺寸偏大，井座四周预留空间不足，影响井盖整体承重。二期井盖更新工作根据井口大小制定井盖尺寸与井座预留尺寸，最短距离为 100 毫米，增强井盖的承重性。

2. 减少井盖与周边路面的色差

由于故宫博物院各区域路面材质、施工批次不同，路面的颜色存在不一致、不统一的现象，为了使井盖颜色与路面颜色协调，根据周围整体颜色更换井盖，用颜色对比板编号取色，减少色差。

二期井盖更新过程中，改进一期施

工过程中井盖颜色与周围整体颜色不协调的问题，更新后效果明显。

3. 调整井盖纹路

为解决井盖纹路与周围路面纹路对齐问题，我们采用调整井盖模具图案纹路的方式，使其便于与周边路面找齐，减少安装难度，确保井盖与井口垂直对称。

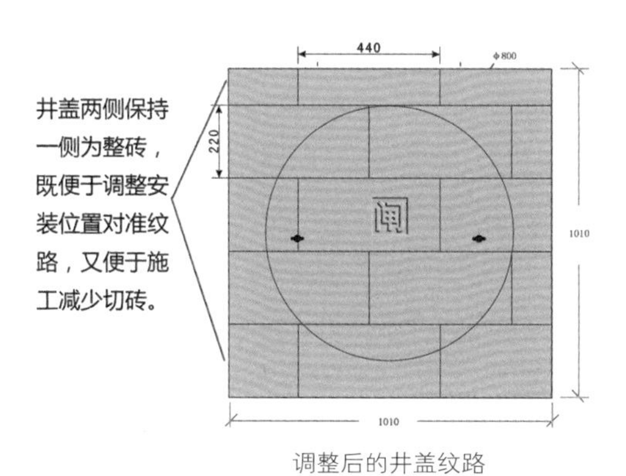

调整后的井盖纹路

一期井盖更新错位

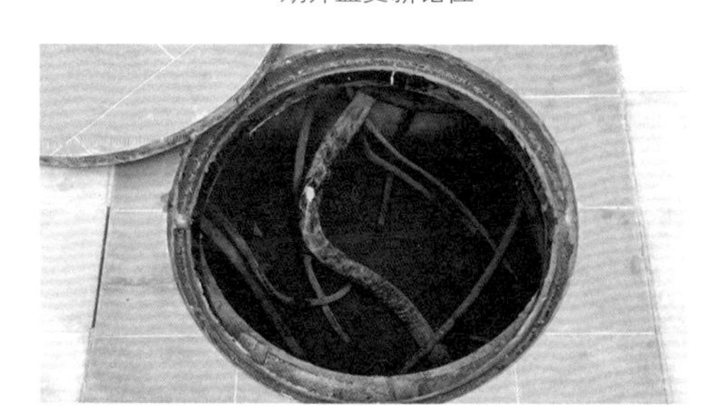

二期井盖更新对齐、对称

4. 加入定位措施，避免井盖转动

由于井盖与井座之间无定位措施，过车通行时易造成井盖转动，使得井盖与井座之间的纹理不齐，影响环境美观，也易导致井盖破损，缩短使用寿命。在二期井盖更新工作中，重点考虑井盖定位问题，加入定位凹槽，井盖与井座相互卡死，从而有效解决了井盖转动问题。

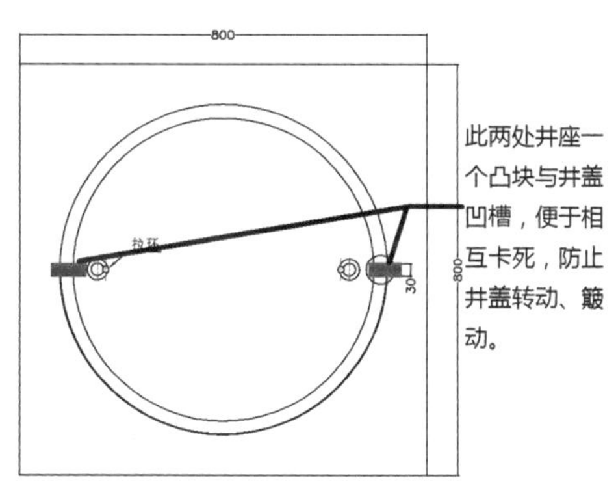

加入定位凹槽

加入定位凹槽的井盖

2014－2015年，老旧井盖更新项目（二期）共计更新井盖572套，更换区域以中轴线开放地区为主，如有路面敷设工程优先调剂配合，减少因更换井盖对路面造成的二次施工，保证路面的完整性，避免因更换井盖造成的道路封堵等。

2016－2017年，老旧井盖更新项目（三期）更新井盖500套，其中为配合工程管理处、修缮技艺部路面施工更换井盖275套。

2017－2018年，开展老旧井盖更新工作（四期），待四期工作完成后，全院1750套井盖（不含安防、消防）将全部更新完毕。

通过四期老旧井盖更新项目的逐步推进，井盖外观与周围环境不协调的问题得到极大改善。同时，按照地下管网

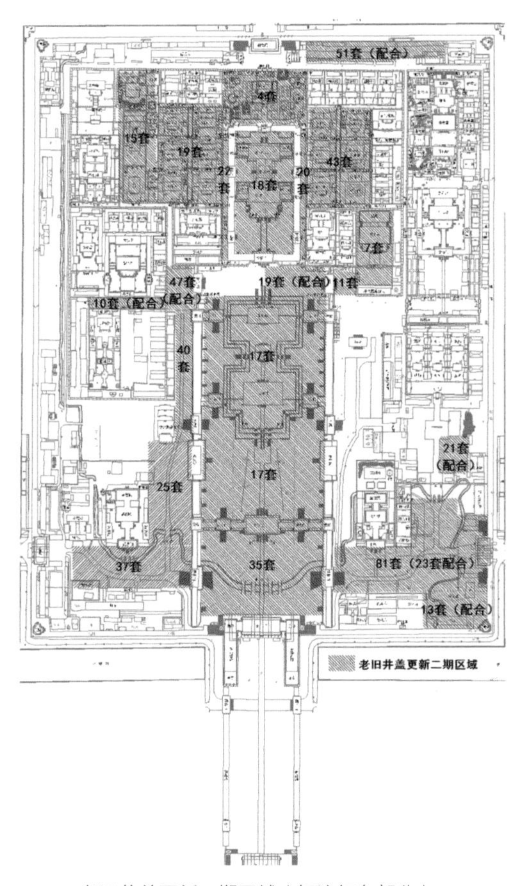

老旧井盖更新二期区域（标注红色部分）

井盖更换前后

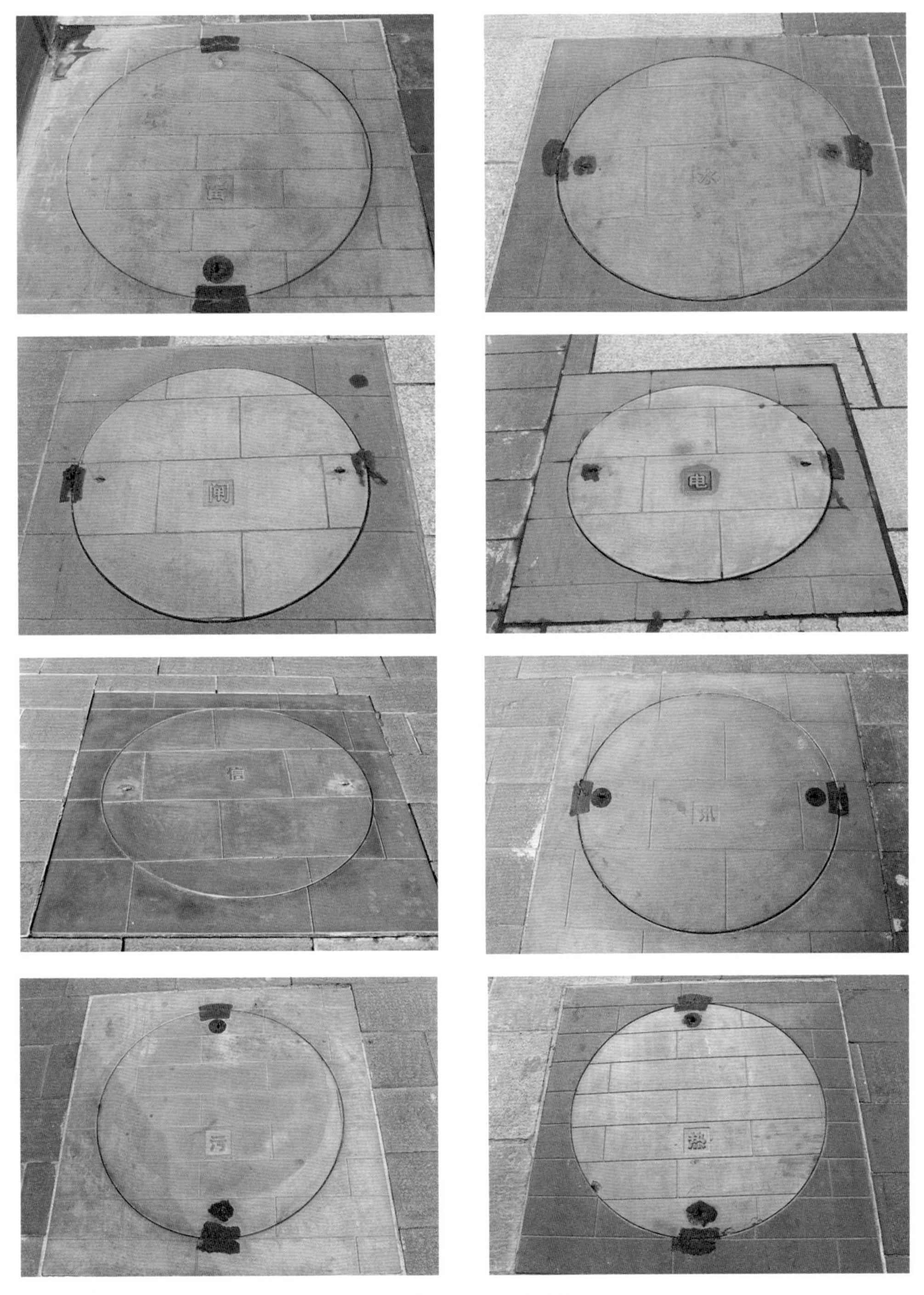

可显示地下不同功能的井盖

功能（雷、水力、热力、电力、污水、防汛等）分门别类进行铺设、更新井盖，建构更趋合理化。

第三节　更换石护栏

石护栏，园林建筑或古建筑中最为常用且不可或缺的组成部分，其兼具美观、环保、抗老化、不变形、安全防护等优点。故宫原有护栏材质（铁质、铜质、石质等）不同、形状各异，与周围古建筑风貌不相融合，且部分护栏破损、不美观，并未起到安全保障作用，存在一定的安全隐患。按照景观提升工作要求，

御花园内石护栏更换后

堆秀山前更换石护栏前后

两侧铜像前更换石护栏前后

珍妃井前更换石护栏前后

养心殿前玉璧更换石护栏前后

体顺堂水晶石前更换石护栏前后

决定将原有护栏更换成统一材质、统一形质的石护栏。

2014年起，根据文物特点，结合区域环境，逐步对堆秀山、承光门两侧、珍妃井、养心殿玉璧、体顺堂水晶石等处护栏进行更换。更换后的石护栏，安全、环保、朴素、雅致，既消除了安全隐患，又与周围古建筑完美融合，相得益彰，提升了整体景观环境。

角楼区域整改前

第四节　整治线缆

角楼区域整改后

根据院容环境景观提升工作要求，线缆综合整治作为专项工作自2015年起逐步开展。为此，故宫博物院成立专项整治工作小组，落实“一查，二试，三治理”的工作方针。所谓“查”，就是结合实际的检查、巡查工作，记录问题所在，归纳、总结解决方案；“试”就是做试点工作，将部分区域作为试点进行整治，看提升效果，总结试点工作优缺点，再根据试点工作经验，逐步推进全院线缆的治理工作。

一、线缆整治试点

故宫角楼于明清两代修建，并完好保存下来。多年来，角楼一直广受观众、摄影爱好者的喜爱，但从未对外开放，观众无法近距离欣赏。根据我院开放展览规划，午门至东华门城墙区域是2016年开放工作的重点。但在线缆整治工作前，基础设施管线均安置在城墙上，线缆杂乱，极大影响景观效果，同时也存

部分城墙整改前

部分城墙整改后

在严重的安全隐患。因此，东华门城楼及角楼区域成为线缆综合整治试点区域。

2015年，院领导亲自带队勘察现场，各专业负责人现场认领管线，本着“优先拆除、归整结合”的方针，结合实际制定整治方案：拆除废旧线缆，迁移部分线缆；对无法拆除、迁移的线缆统一安装线槽，并刷环保装饰涂料；同时，考虑到城墙古建筑及观众的参观安全，在城墙上搭建城墙栈道，规范参观路线。最终，东华门城墙与角楼区域按照院内预期得以开放，并以全新、整洁、赏心悦目的姿态展现在观众面前。

二、开放区域线缆整治

东华门城楼、角楼线缆整治工作，作为试点区域，取得显著效果。鉴于此工作的成功开展，结合各区域线缆实际情况，2016年正式开展开放区域线缆整治工作。

院内院落多、房间多，各区域内开放、办公需求不同，各个专业管线入户、位置、方式、安装时间也不尽相同，从而逐渐出现院落线缆老化脱落、架设不规范、线路不明、架空线缆、老旧废弃线路外挂交织等现象，给整治工作带来很大的困难。因此，根据不同区域、不同专业线缆采取不同的整改措施，诸如：苍震门内归整线缆、安装线槽；后左门内粉刷线缆；静怡轩东侧墙重新规划线缆路由。

截至2017年，通过规整线缆、安装线槽、粉刷线缆、重新规划线缆路由、

苍震门内整改前后

后左门内整改前后

静怡轩东侧墙整改前后

拆除废旧线缆等方式对开放区域线缆进行综合整治，整改共计35处，主要包括三大殿、斋宫、内西路、珍宝馆等区域。

三、非开放区域线缆整治

为根治线缆问题，消除安全隐患，创造良好的办公环境，在开展开放区域线缆整治工作的同时，非开放区域线缆整治工作也逐渐被纳入环境提升日程中。同时，根据故宫博物院长远规划，未来开放面积将达到整体建筑空间的85%，非开放区域也将逐步对外开放。因此，非开放区域线缆整治工作势在必行。

总结开放区域线缆整治工作经验，结合非开放区域线缆现状，2017年正式开展非开放区域线缆整治工作。通过线缆粉刷、安装线槽、拆除或更改线缆路由等方式，整改共计67处，主要包括院办公室、协和门南侧、十三排城墙、神武门以东城墙等区域，诸如：十三排东侧城墙安装线槽；院办月亮门归整线缆、安装线槽；东配电室外东墙线缆拆除。

通过开放区域和非开放区域线缆项目的综合整治，线缆安全隐患得以消除，

十三排东侧城墙整改前后

院办月亮门区域整改前后

东配电室外东墙整改前后

紫禁城空中的“视觉污染”问题得以解决，整体景观效果得到大幅提升。

第五节　铺设木栈道

故宫城墙，是明清官式建筑城墙类建筑的典范，是中国古代传统的城防设施。修葺参观步道、铺设木栈道，开放城墙，供游客登高望远，是故宫博物院开展环境整治、提升服务质量的新举措。

一、木栈道的铺设

环境提升工作开展前，为方便观众参观游览，在城墙上铺设木塑台阶。由于木塑栈道不封闭，很多观众依旧在古城墙上的地面上行走。同时，原有木塑台阶龙骨与古建城台直接接触，会对原古建地面造成不可逆的损坏。针对此种情况，为使古建筑得到有效保护，也为观众营造更加舒适的参观环境，决定在开放的城墙上铺设木栈道。

前期对城墙现场仔细踏勘、测量，采用场外加工的可装配、可随意拆卸安装木栈道的保护性施工方式，最大程度减少现场施工内容，有效避免现场施工对古城墙的损坏。

新增设的城墙栈道本体结构不与古城墙地面直接接触，全部采用橡胶垫隔离铺设。同时，栈道全封闭铺设，设置防护围栏，避免观众与古建地面直接接触，杜绝其对古城墙的干扰与破坏行为。

铺设的木栈道安全、环保，且高强度防腐，既最大限度保留古城墙原貌，又保证观众游览安全。

在铺设的栈道中增加照明装置，以满足多样化的观赏需求。同时，木栈道的铺设有效解决了线缆、网线、桥架、栏杆杂

故宫城墙原貌

故宫角楼区域城墙原貌

原木塑栈道

拆除木塑栈道

木栈道安装过程中

采用橡胶垫隔离铺设，有效保护古城墙

木栈道设置防护栏，有效杜绝观众与古城墙的直接接触

城墙上铺设的木栈道

乱摆放以及部分直接固定在古墙面上且对文物造成损坏的问题。各路线缆统一入槽，安装在木栈道隐藏位置，解决了城墙局部渗水问题，保证城墙环境整洁、美观、舒适。

木栈道的铺设可阻碍杂草生长

整改前城墙上各路线缆、设备

整改前线缆直接固定在古城墙上

整改后城墙环境整洁、美观

整改后夜幕下的木栈道景色

南北城墙贯通铺设的木栈道

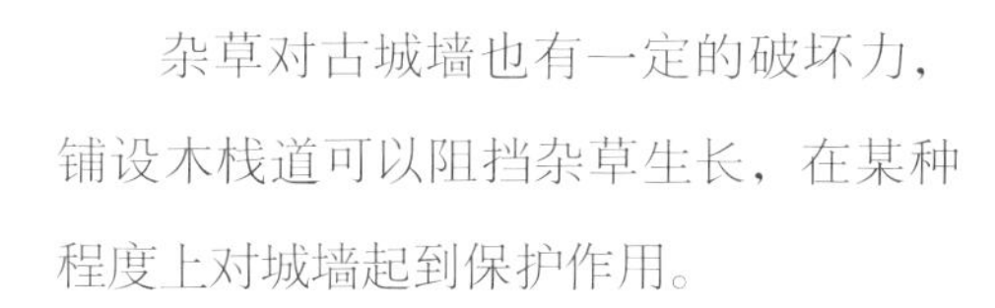

杂草对古城墙也有一定的破坏力，铺设木栈道可以阻挡杂草生长，在某种程度上对城墙起到保护作用。

二、故宫城墙逐步开放

随着线缆综合整治工作的开展、木栈道铺设的完成，秉持着“利用即是保护”的原则，故宫城墙陆续向公众开放。

2015 年，开放东南城墙和东南角楼区域。这是故宫首次面向观众开放参观紫禁城的六分之一段城墙。

2017 年，开放神武门两侧西北与东北城墙区域。观众沿着该区域木栈道，可参观神武门二层展厅与展览。

2018 年，首次启动“立体枢纽”，开放东华门至东北角楼城墙区域以及午门至西南角楼部分区域。自此，实现了故宫东、南、北三面城墙全部开放，

院外的白塔与万春亭

南北贯通。

开放的城墙上铺设木栈道，观众可登高望远，既可远观北海白塔、景山万春亭等院外景观，也可近看前三殿与后三宫等众多院内古建筑以及南大库、实录库、銮仪卫、畅音阁等故宫区域景观。地面看展、城墙看景，故宫博物院的参观体验更加立体化。

在城墙上铺设木栈道的同时，院内开放区域（如草坪中）也铺设了木栈道，

院外的护城河

院内的前三殿与后三宫

东华门内区域铺设的木栈道

既便于观众欣赏，也对周围古建筑、古树、草皮等起到了很好的保护作用。

第六节 整治标识牌

随着故宫开放区域的不断扩大，观众服务水平也要随之提升，信息传递要更加及时、有效，让公众第一时间了解故宫博物院的各项服务信息和工作进展。过去，故宫博物院的标识牌存在着数量不足、布局不合理、形制材料不统一、标识不清晰、双语标识缺失等问题，容易导致观众转向、被误导，不能及时找到参观目的地，大大影响观众的参观心情与体验。为解决以上问题，便于观众游览和节省观众参观时间，整治标识牌工作也被纳入故宫博物院环境提升工作中。

2016 年，故宫博物院提升指引设施，整治标识牌，统一规划设计，将院内原有标识牌 500 余块全部更换。院内标识牌的主体颜色选用故宫城墙色与黑色，白色字体，双语标注，特殊标识选用黄色或红色标注。标识牌整体选用铁质，稳固耐用。

如今，随着开放区域的扩大，不断加置标识牌，800 多块整治一新的标识牌分布在故宫的各个角落，大方美观，指引清晰，方便国内外观众的参观、游览。同时，添加电子标识，可以即时连接手机应用，查看活动信息。易识别、显著、清晰的全新标识牌，与周围古建筑完美

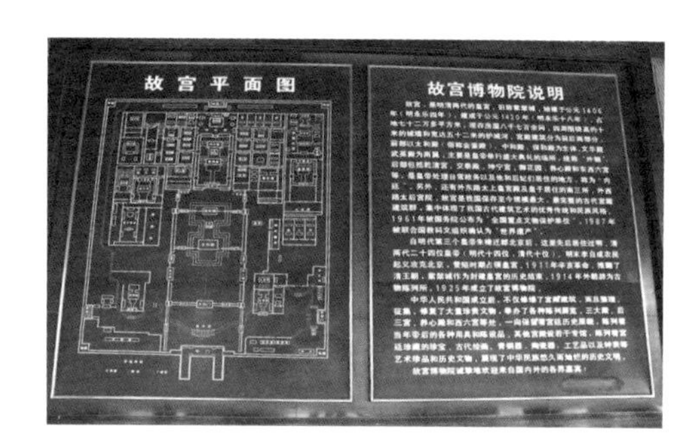

太和门前标识牌更换前后

太和殿说明牌更换前后

钟表馆索引牌更换前后

嘉量说明牌更换前后

交泰殿说明牌更换前后

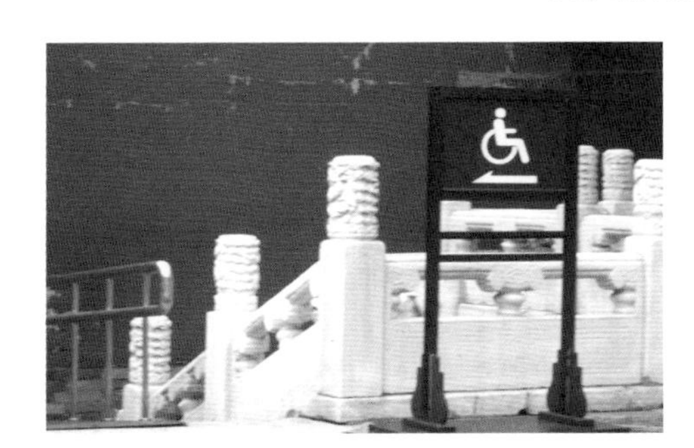

钟表馆无障碍通道提示牌更换前后

御花园提示牌更换前后

后右门提示牌更换前后

畅音阁指示牌更换前后

禁止吸烟提示牌更换前后

四面标识牌更换前后

午门西侧卫生间标识牌更换前后

箭亭广场四面标识牌

左翼门前标识牌

御花园内标识牌

武英殿前标识牌

爱护草木标识牌

施工告示标识牌

融合，更为游客提供了优质的服务环境。

第七节 更新路灯

2009年，中华人民共和国成立60周年之际，根据上级有关部门国庆阅兵活动的总体安排，在故宫博物院部分道路单侧紧急安装了杆式路灯。由于国庆活动的紧迫性，安装的杆式路灯并没有选择仿古样式，仅仅实现了照明功能，却与周围古建筑、古树极为不协调，影响观赏性。同时，截止到2016年，灯杆照明设备已投入使用7年，使用时间较长，灯罩存在破损现象，灯杆出现油漆脱落、生锈等情况。旧式路灯耗电量高、光效较差，加之安装路灯时并没有充足时间与条件现场勘查，电缆普遍埋深较浅，存在安全隐患。

随着外西路、箭亭、城墙等区域逐渐面向观众开放，院内路面整修、园林绿化等景观提升工作的开展，旧式灯杆与整体古建筑环境、宫廷园林环境、文化空间环境逐渐呈现出不协调现象，影响了故宫整体景观效果。总体而言，旧式路灯从安全、景观协调和功能性角度，均不能满足我院各方面发展的需求，院容环境提升小组随即将路灯更新工作提上日程，加快实施。

东华门至协和门区域旧式路灯

延禧宫前文物宫灯

2016年，故宫博物院逐步开展路灯及电缆更新工作。为了使路灯与故宫的整体景观协调一致，要求设计单位参照延禧宫及其他区域现有文物宫灯的比例、样式、尺寸、材质，对仿古宫灯进行设计。通过多次研究、探讨，不断推翻设计样式，最大限度还原故宫宫灯原貌，并结合古典美与现代美，精细设计宫灯。

该项工作在实施过程中，存在以下三个难点：

西六宫东文物宫灯

挖掘草坪、敷设电缆

永寿门前文物宫灯

采用专业设备安装电缆套管

一是铺设地下电缆。从安全及实施可行性角度考虑，电缆的选材、铺设，路由的确定，都要经过现场勘查，层层考量。首先，减少路面破坏，尽量挖掘道路两边的草坪，敷设电缆套管。确需横穿马路，需配合院内其他项目，同步施工，避免重复开挖；电缆套管，满足电力行业设计规范标准，同时可以起到保护电缆的作用，减少安全隐患；施工单位要严格按照施工设计图纸铺设电缆，便于今后巡视检查、维护维修。

二是拼接安装新式路灯。新式路灯设计根据延禧宫等区域清朝遗存路灯形状、尺寸、材质，最大限度还原文物宫灯原貌。为响应国家节能减排、“绿水青山就是金山银山”的号召，光源选用新型 LED 光源（属于冷光源），相比传统光源，具有低能耗、高照度的特性，既环保又能满足照明需求，还能大大减少安全隐患。

协和门区域安装的新式宫灯

东长房前排新式路灯为夜间职工巡视点亮环境

南三所门前新式路灯

冰窖区域新式路灯

三是在草地中稳固灯体。所有灯体需要安装在绿化带边缘。湿润松软的草地，极其不利于重达约450千克路灯的稳固安装。为了解决该问题，在路灯安装位置挖出与路灯底座相同的基坑，并放置钢筋编织的配筋，加强基座结构强度。在此基础上预留电缆套管，最后用叉车将路灯安装到位。此外，电力套管与基座一体化，避免穿在套管中的电缆与雨水、土壤接触，减少安全隐患。

截至2017年，全院更新路灯227盏并铺设相应的线缆，主要包括院内东华门外、东华门至箭亭、东车场、南三所门前、西华门至隆宗门、武警大楼至西河沿、西长房前排、东长房等区域。新式路灯美观大方，更与故宫整体古建筑风貌融为一体，为观众提供了更加赏心悦目的参观体验，推动院内整体环境迈上新台阶。与此同时，也为院内职工夜间巡视创造了良好的工作环境。

西长房区域新式路灯

武英殿区域新式路灯

新式路灯与古建筑环境恰如其分地融合

新式路灯与园林环境融为一体

新式路灯装点着故宫园林景观

冰窖至断虹桥区域新式路灯

第八节　彩钢房的拆除与整改

近些年来新兴的临建——彩钢房，临时、简单，规制不统一，分布在院内的各个角落，严重影响古建筑整体景观布局，造成了故宫博物院的"视觉污染"。同时，彩钢房虽保温隔热，却存在致命缺陷——易燃易倒塌，一旦发生火灾，后果不堪设想。为了提升景观环境和消除安全隐患，故宫博物院开展了全院性的彩钢房集中拆除、整改工作。

彩钢房拆除仪式

文化和旅游部领导、单霁翔院长等亲自拆除彩钢房

一、彩钢房的拆除

2012年，故宫博物院开始着手彩钢房拆除工作。在进行彩钢房拆改工作前，开展了大量的走访调研工作，按照拆改相结合的原则，制定科学、合理的拆改工作方案。为了还原故宫古建筑原貌，下大力气拆除彩钢房，启动了彩钢房拆除仪式，并得到了文化和旅游部领导、北京市消防局高度重视以及媒体的关注。2013年6月9日，"院长带头拆故宫临建"的新闻登上了《北京日报》，彩钢房拆除工作由此拉开序幕。

故宫博物院制定了《故宫保护总体规划》，按计划、分步骤地拆除院内存在安全隐患的彩钢房，展现故宫的真实与完整面貌。同时，拆除彩钢房是故宫院容环境提升工程的重要实施项目，拆除力度随着项目进展不断加大与深入。项目秉着"分清主次"的原则开展拆除工作，首先拆除开放区域彩钢房，再根据实际用途与需求对办公区域彩钢房屋进行拆除，有序、逐步地恢复古建院落原貌。同时，进行彩钢房拆除后的相关

南三所彩钢房拆除前后

坤宁门彩钢房拆除前后

工作，包括：基础设施改造、墙面粉刷修复、地面铺装及绿植栽种等工作，提升故宫整体院容环境。

院内彩钢房拆除工作紧锣密鼓、井然有序地开展，重点包括：拆除景运门、隆宗门、御花园等处存在近 10 年的食品店；拆除寿康宫外、南三所彩钢房（原为部门办公用房）；拆除坤宁门彩钢房（原为文创店）；拆除宁寿门彩钢房（原为故宫商店）；拆除南热力区域彩钢房（原为部门办公用房）；拆除西部区域的彩钢房（原为职工西部食堂）。

彩钢房的拆除，在消除安全隐患的同时，既增加观众游览活动空间，也为不断增大开放面积做准备，并且还原故

地库二期彩钢房拆除前后

南热力站彩钢房整改前后

宫的真实性与完整性，还以故宫更加宽敞、整洁的空间，还以皇家建筑极具美感的和谐景观。

二、彩钢房整改

“拆改结合”是彩钢房整治工作原则。对于严重影响文物古建筑、存在安全隐患或者用房可腾退的彩钢房一律予以拆除。若现有彩钢房有必要留存，则一律按照统一标准对彩钢房材质、色彩进行仿古改造，使其与周边环境协调一致。彩钢房屋顶增加钢结构，安装灰色树脂仿古瓦，墙体加装金属压花面复合板，门窗更换为红色仿古装饰断桥铝门窗。目前，对十三排库房、财务处、延禧宫、地库、御茶膳房等区域开展了彩钢房仿古改造。

十三排库房仿古改造前后

延禧宫彩钢房仿古改造前后

地库一期彩钢房仿古改造前后

经过仿古改造的彩钢房，与周围古建筑、园林景观的风格保持协调，古雅、大方。

2017 年，故宫博物院最后一批彩钢房拆除工作完成，院内存在安全隐患的彩钢房被全部拆除，从此与皇城古建筑极其不协调却存在安全隐患的彩钢房正式退出历史舞台。而在拆改过程中，拆

御茶膳房彩钢房仿古改造前后

三座门前仿古改造后的岗亭

除办公用彩钢房意味着办公面积更为紧张，却得到院内职工一致认可与支持，彰显着故宫人无私的奉献精神，以及高度的文化自觉与良好的文化素养。拆改工作结束后，陆续开展拆除区域的基础设施管线整治、墙面修复粉刷、地面铺装、绿化等一系列景观提升工作。

第九节　自行车棚改造

自行车棚作为公共基础服务设施的一部分，是停放车辆的固定场所。对于在故宫博物院工作的员工来说，基于古建筑结构与布局的限制，办公区域较分散，部门间距离较长，为了提高办公效率，自行车是必不可少的办公交通工具。

整改前，院内自行车棚各式各样，包括石棉瓦顶自行车棚、阳光板自行车棚、金属自行车棚、铁皮汽车库房等等。材料、样式、颜色各异，与院内古建筑环境极为不协调、不融洽，且存在较大的安全隐患。根据院容环境提升总体规划，车棚建设、改造是院容环境提升的重要内容，同时也是认真贯彻执行院内

一史馆区域车棚改造前后

驻院武警中队南区域车棚改造前后

驻院武警中队北区域车棚改造前后

东长房后排自行车棚改造前后

神武门东侧区域车棚改造前后

驻院派出所北侧区域车棚改造前后

一史馆区域车棚仿古改造后

驻院武警中队区域车棚改造后

精细化管理的重要措施。

从 2014 年开始，故宫博物院对院内车棚进行全面治理、改造。首先，对材质存在较大安全隐患或选用现代简易搭设影响故宫整体美观度的车棚予以拆除；其次，为保持与古建筑的整体协调度，对院内部分车棚采用安全的仿古改造措施。车棚拆除与仿古改造工作的开展，既解决了院内职工以及驻院单位职工的停车问题，又方便相关部处日常车辆管理，还提升了环境景观效果。

东餐厅区域改造后的仿古车棚

故宫博物院基础设施更新改造项目基于可持续发展的理念，以观众需求为导向，从增设路椅、更新井盖、更换石护栏、整治线缆到铺设木栈道、整治标识牌、更新路灯、拆除彩钢房，逐步得以贯彻落实，既消除了安全隐患，达到了世界文化遗产保护的要求，又提升了故宫整体环境水平，丰富了观众的参观体验。

第三章

室外区域环境提升

区域环境提升工作，一是提升院容院貌；二是提升观众的参观体验；三是消除各方面的安全隐患，为文物藏品提供安全、健康的保存环境。为此，故宫博物院室外环境提升工作从整体维度开展，辐射到院内各个角落，对故宫全方位、无死角地进行改造与提升，从“东西南北中”各个方位，拓展出对公众开放的大量新空间。在对开放区域环境进行整治提升的同时，该项工作也陆续延伸到非开放区域。

第一节　实录库区域

随着午门至东华门城墙区域对外开放，实录库区域景观现状毫无保留地呈现在观众面前。之前，为解决库房紧缺与院内部门木质家具的存储问题，在实录库区域内搭建了临时性库房。实录库的临建颜色、尺寸、外观与周围古建筑不协调，突兀且不具有美感。因此，为使该区域与周围古建筑在外观、高度、建筑面积等各方面协调一致，提升整个区域的景观效果与观众的参观体验，将该区域环境提升纳入故宫博物院环境整治工作中，并于 2017 年正式施工。

实录库区域环境整治工作突出的是区域整治，不仅仅是整改临建的库房，还需对周边环境进行综合整治，包括拆除废旧线缆、更新电力管线、砍伐野生树木、整修院落墙体等等，力图通过系统、全面的整治，改善整个区域景观效果。

鉴于原临时库房内存有大量的木质家具，体积较大，搬运费用高，且没有闲置周转库房可使用，因此区域整治工作的难点是在不腾退文物、不拆除库房的情况下，在原有建筑外建造仿古库房。此外，由于实录库区域东侧、南侧均靠近城墙，而新开放的城墙区域属于故宫博物院重点开放参观区域之一，观众流量较大，所以为了确保施工期间减少对观众的影响，院内对项目施工实施精细化管理，在城墙上搭设与城墙颜色相协调的围挡，安全、文明、精细施工。

经过整治的实录库区域，完成了既定目标：改建后的库房，空间面积得到有效扩展与利用，且新建的仿古建筑与故宫所独有的建筑风格相得益彰；环境整治后的实录库区域以崭新的面貌与气势恢宏的紫禁城完美地融为一体，为观众带来更加美好的视觉享受。

实录库区域整治前后对比图

第二节　上驷院停车场区域

上驷院，清代内务府所属的三院（上驷院、奉宸院、武备院）之一，掌管宫内所用之马，即宫内御马的“停车场”，近年来作为院内职工停车场。由于逐年的使用，上驷院停车场问题逐渐显现。

问题一：车场内整体布局不合理，空间未能有效利用，且车场内设施陈旧、车位不足、非机动车与电瓶车随意停放、机动车停车秩序混乱，从而使得上驷院整体停车环境受到严重影响。

问题二：该区域地面铺装杂乱，包括传统石材铺装、水泥砖铺装、植草砖（圆形透空砖内部种植草坪）铺装等。对于植草砖而言，南方则更为实用。北方使

区域布局不合理

车位区域铺装的植草砖

车位空间不足

植草砖增加保洁难度

用植草砖，除草坪长势迅猛外，对于女同志来说更是行走的“杀手”，与此同时也增加了保洁的难度。

问题三：区域内地面裸露面积较大，绿植较少，整体绿地景观环境较差。

针对以上三个主要问题，2015年，将该区域环境提升纳入整体院内环境提升工作，及时有效地采取整改措施。

措施一：首先对上驷院整体区域进行科学规划设计，按照文物考古要求，配合“平安故宫”消防改造等地下工程进行施工，避免拉链式二次破土。

措施二：依据相关条例规范，在不降低“绿地率”的前提下增加停车位数量。改用树阵式停车方式，停车位由原来的非规范停车约180辆增加到现在的规范

区域地面裸露

科学合理地设计与布局停车位

绿植单一

车场铺设与院内统一的蒙古黑石砖

车场添置仿古车棚、照明宫灯等配套设施

车位区域铺装“尺四方砖”

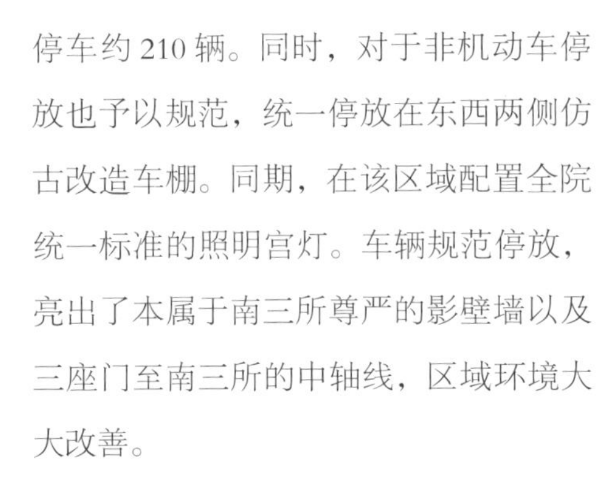

停车约210辆。同时，对于非机动车停放也予以规范，统一停放在东西两侧仿古改造车棚。同期，在该区域配置全院统一标准的照明宫灯。车辆规范停放，亮出了本属于南三所尊严的影壁墙以及三座门至南三所的中轴线，区域环境大大改善。

措施三：路面铺砖统一整改，轴线及主路采用传统石材，停车位区域则采用加厚的“尺四方砖”（古建筑庭院常用），可有效避免机动车长期碾压造成破损。

措施四：对该区域绿地环境进行美化、提升，移除遮挡视线的高冠黄杨等绿植，消除交通安全隐患，同时补植榆叶梅、紫薇等树种，使得上驷院成为了“三季有花、四季常绿”的花园停车典范。车场环境与东侧区域环境相映衬，更加

补种绿植、铺种草坪

更换统一的石材砖

突出三座门到南三所的中轴线感。

通过一年的合理、科学规划与整改，上驷院区域环境焕然一新，正如院内职工所说：“走在花红柳绿的上驷院广场上，心中都是满满的幸福感。”

上驷院整改前区域环境

上驷院整改后区域环境

上驷院区域车位停放整改前后

第三节 箭亭至消防队区域

箭亭位于故宫博物院东部景运门外、奉先殿以南的开阔区域，是清朝皇帝及其子孙练习骑马射箭的地方。随着 2015 年西部慈宁宫区域、东部东华门城墙等区域的对外开放，开放箭亭及其周边区域逐渐被纳入院内发展规划中。2016 年，箭亭至消防队区域环境提升工作被提上日程，并紧锣密鼓地实施。

开放前，该区域路面坑洼不平、绿植单一且养护不佳、施工垃圾随意堆放、

地面破损严重，基础设施老旧、损坏

杂物随意堆放

区域园林景观不雅致

石灰路面破损严重、草皮退化、井盖老旧

基础设施陈旧，呈现出荒凉、沧桑的表象。

针对以上问题，对该区域环境进行全方位整治，主要包括地面揭墁、景观绿化、增设或更新基础设施（路椅、垃圾箱、路灯、标识牌、石护栏、井盖等）、新建消防队篮球场等工作。

院领导高度重视该区域环境综合整治工作，每天亲临现场，不厌其烦地指导，提出新的想法与建议，抓好每一个提升细节，从细微处考虑观众参观感受，最大限度提高空间利用度，最大限度人性化服务于观众，从而达到开放标准，为观众呈现出精致典雅、匠心独运的故宫景观，丰富参观体验。

箭亭南侧环境提升后景致

箭亭前的“五牛铜雕”

箭亭北侧广场区域

箭亭广场东侧区域

箭亭至消防队区域环境提升后景观

消防队至协和门区域环境提升后景观

环境提升后的驻院消防队区域

第四节 东长房前后区域

随着院容环境提升工作的稳步推进，根据故宫环境综合提升工作领导小组意见，2015 年 3 月开始对东长房前后区域进行环境整治，以改善东长房前区域的开放环境和东长房后区域的办公条件。此项工程于当年 5 月完工。

一、施工前的东长房前后区域

施工前，开放区域树木被绿植池围绕，占地面积大且不美观，观众路椅摆放不集中，空间未能有效利用。

办公区域路面年久失修、坑洼不平，花池靠北紧临办公房屋，致使通行空间未能合理、有效使用。而此区域又是院内职工或外单位来院办事人员东西穿行的必经之路（闭馆日除外），此种状况

东长房前开放区域施工前状况

东长房后办公区域施工前状况

严重影响故宫博物院的整体形象。

二、施工中的东长房前后区域

由于东长房前为开放区域，为不影响观众正常的参观体验，减少安全隐患，院内及时搭设与周围古建筑颜色相协调的围挡，文明施工。东长房前区域为故宫文化创意产品体验馆（丝绸馆、服饰馆、木艺馆、陶瓷馆、紫禁书苑等），专馆环境精致美观，文化气息浓厚。施工过程中，充分结合区域特点地砖揭墁，铺设院内统一的石材地砖。树木周围铺设木栈道，并将观众路椅围绕树木整齐摆放，既保护树木也方便了观众。同时，增加路椅与果皮箱，增添绿植景观等。

办公区域的提升主要体现在路面重新铺设、改造水电、空间资源有效利用以及绿化等方面。施工过程中，配合院内环境提升其他项目如井盖更新项目（按照区域竖井功能更换井盖）、车棚仿古改造项目（拆除破旧且存在安全隐患的自行车棚）、园林绿化项目（花池靠南搭设并种

东长房前区域施工中

东长房后区域施工中

植杜丹、月季等绿植），共同实施、推进。

三、施工后的东长房前后区域

施工后的东长房前开放区域与后办公区域空间，呈现出另一番景致：整齐、美观、宽敞，与周围古建筑环境恰如其分地融合。既服务了观众，也方便了职工。

环境提升后的东长房前开放区域

环境提升后的东长房后办公区域（一）

环境提升后的东长房后办公区域（二）

环境提升后的东长房后办公区域（三）

第五节　西长房前后区域

西长房前后区域主要为院内职工办公区域，随着院内整体环境提升，办公区域的环境问题逐渐显现。问题一：水泥路面和沥青路面与院内传统石材路面不统一，且部分路面石砖损坏；问题二：基础设施破损、老旧；问题三：区域绿植以松柏为主，花池绿地裸露。以上三个主要问题使得该区域环境与院内古建筑环境不协调、不融洽。

为配合院内其他区域环境提升，2017-2018 年陆续对西长房前后区域整体环境进行整改，提升院内职工办公环境。通过基础设施的更新（线缆整治、更换井盖、铺装路灯、增加树池等）、栽种绿植（月季花、石榴树、西府海棠）、路面更新（选用院内统一材质的石砖），该区域面貌得到极大提升，院内职工办公环境得到极大改善。整改后的西长房区域，整洁、舒适、雅致。

院办公室区域环境提升前后

院办公室至北餐厅区域环境提升前后

西长房前排区域环境提升前后

办公区域绿树成荫

月亮门外海棠生长茂盛

西长房前排新植海棠、增设路灯、铺设草皮

西长房后区域路面更新

十三排区域地面坑洼不平

十三排区域地面排水系统倾斜于办公院落方向

第六节　十三排及一史馆区域

根据院内景观提升的实际要求，经过多次实地踏勘，发现十三排与一史馆区域存在诸多问题。

问题一：现有地面水泥砖破损严重，存在严重坑洼现象，且排水设施严重损坏。十三排区域地面古雨水沟排水系统倾斜于办公用房门口一侧，易造成院落门前积水。如遇雨天尤其每年汛期，门前积水较深，导致相关部门职工出行办公极为不便。而一史馆门前地面遇雨天

十三排南侧区域路面原状

同样存在积水现象。

问题二：十三排宫墙墙面年久失修，存在大面积损坏，其中保泰门北侧墙面破损严重，存在安全隐患。一史馆门前

十三排区域宫墙墙面大面积损坏

一史馆门前地面石材不统一

十三排南侧区域路面更新施工中

一史馆门前地面破损严重

十三排区域路面更新施工中

两座桥采用梁式混凝土形式，与故宫现有石质路面不协调，且同样因年久失修存在安全隐患。

问题三：一史馆门前绿化水平较低，仅有数株松树，且树池损坏严重，与故宫整体环境不相匹配。

基于以上问题，依据“人性化为先，整体协调为本，经济节约为前提”的理念，2017 年对十三排门前地面及一史馆门前地面及其周边环境景观进行提升。

对十三排地面重新铺装更换，用石材砖代替原有破损水泥砖，与院内大面积使用的石材样式保持一致。同时，优化现有排水方式，将排水系统的位置调整至

施工后的十三排南侧区域路面

十三排南侧区域路面更新

十三排南侧区域路面更新及墙面粉刷

十三排北侧区域墙面粉刷、路面更新

一史馆区域路面更新及环境美化

办公院落门口对面，达到快速排水效果的同时，方便职工出行。对于十三排办公用房院墙及宫墙上身见新处理，下碱重新进行粉刷。

一史馆区域，采用院内统一的石材砖，重新铺设门前破损水泥地面；配合院内园林绿化提升工作，对该区域进行绿化提升，并结合区域环境，摆放景观石。与此同时，对该区域门前桥体进行危险排除及美化处理。

通过对十三排、一史馆区域地面整治及周边环境提升，既美化了环境，也

一史馆南侧区域环境大大提升

方便了职工办公、停放车辆，为院内职工营造了良好的办公条件。

第七节　其他区域

区域环境提升工作作为全院性工程，除重点区域进行整改外，对环境存在问题的部分区域也一并进行整改，具体如下：

一是研究室院落外区域绿地景观提升，栽植月季。

二是文保科技部区域绿地提升、安装路灯、井盖等基础设施。

研究室院落外区域景观提升前后

环境提升后的文保科技部区域

宝蕴楼西侧区域路面更新、增设路灯

三是宝蕴楼西侧区域路面更新、增设路灯。

四是驻院武警中队区域墙面粉刷、路面更新、绿化提升。

五是兆祥所区域绿地景观提升，栽植紫薇。

驻院武警中队区域墙面粉刷、路面更新、绿化提升

兆祥所区域栽植紫薇

室外区域环境提升工作配合基础设施更新改造、园林绿化工程的同步推进，故宫的整体环境得到大幅度提升，开放面积逐步加大，观众的参观体验更加丰富和立体。古老的建筑，典雅的园林，丰富的景观，和谐的环境……故宫博物院正以崭新的面貌呈现在观众面前。

第四章

室内
区域环境
提升

随着室外区域环境提升工程的逐步推进，室内区域环境与整体环境不协调的现象更加突出，为更好地贯彻“利用即保护”的原则，提高博物馆服务水平，故宫博物院开始对建福宫花园、北餐厅、东餐厅等区域重点进行室内环境提升。

第一节　建福宫花园区域

一、建福宫花园的历史

建福宫花园位于紫禁城西北隅，面积不大，原为乾西五所中四所、五所之处。清高宗乾隆七年（1742 年）改建为建福宫花园，确定了基本格局。该花园区域内主要包括敬胜斋、吉云楼、慧曜楼、静怡轩、延春阁、惠风亭等建筑。建福宫花园主要作为皇帝朝政之余休闲、赏玩、游憩之处。乾隆皇帝尤为喜欢建福宫，吟咏、写诗、赏画于此较多。

建福宫花园建成后，曾进行多次增建、改建工程。乾隆十六年进行了一次较大规模的改建，主要任务是墁地。为

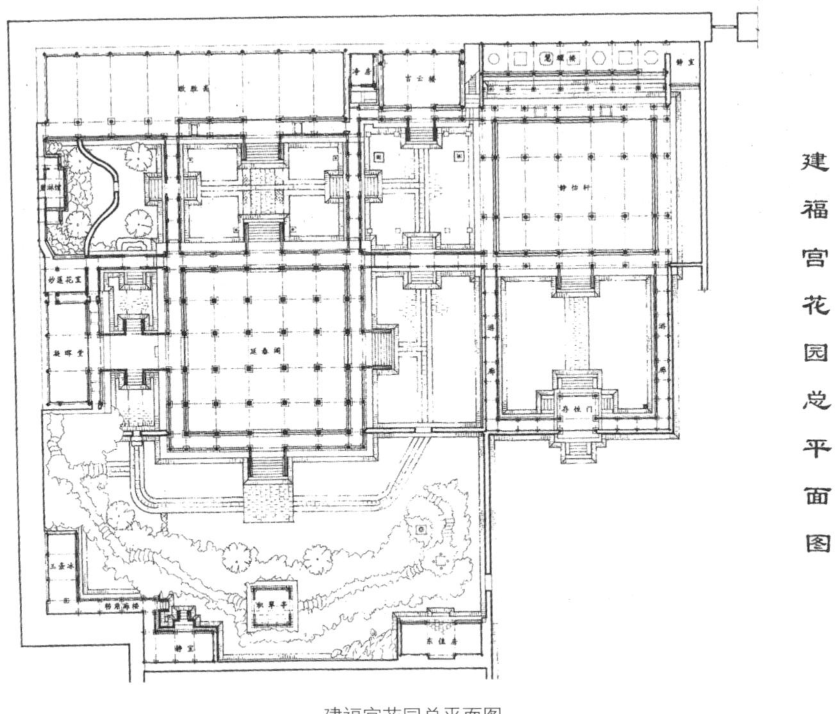

建福宫花园总平面图

了与花园环境协调，花园建筑的地面统一换用花斑石墁地。

建福宫曾存储乾隆皇帝收藏的珍贵文物，乾隆皇帝去世后，嘉庆时期将文物封存，自此建福宫成为了紫禁城中的“藏宝库”。1923 年，建福宫花园失火，多数建筑与文物被焚毁。

在院内专家与领导的倡议及社会呼吁下，1999 年，经国务院批准，由香港中国文物保护基金会捐资，在火场废墟上复建建福宫花园。于 2006 年复建竣工的建福宫花园，依从古建原貌的外观、

在漱芳斋举行复建建福宫花园的签字仪式

建福宫花园复建中

建福宫花园火场

建福宫花园中复建起来的主体

建福宫花园被焚毁后场景

工艺，结合现代使用需求与安防要求，进行内部装饰装修。

二、建福宫花园用途与提升需要

自 2006 年建福宫花园复建竣工后，

主要用于院内文博会议、重要会谈、外事接待活动、新闻发布会以及院长办公会等。随着我国文化体制改革的深入，坚持与提高文化自信逐渐成为文化建设的主旋律。近些年，随着故宫博物院文博事业的迅猛发展，故宫博物院作为公共文化机构，将保护与利用文物成果不断输出与服务公众，受到公众喜爱与好评。同时，作为优秀传统文化的典型载体，2017 年两次重要外事接待活动在故宫建福宫举行。活动一：特朗普对中国的国事访问首站设在故宫，而建福宫则是参观路线中的重要一站；活动二：在"一带一路"国际合作高峰论坛活动中，彭丽媛在故宫建福宫接待外方团长配偶。

而随着重大外事活动（外交部、文化和旅游部等国宾招待会）、文博论坛、重要会议、展览与研讨性质的新闻发布会、重要学术工作发布会、接待国内各方来宾等重大活动日益增多，2006 年复建的建福宫花园内部服务设施因使用时间较长，部分老旧、破损，室内装饰装

原室内陈设古朴老旧、光线暗淡

原室内地毯、灯具、家具、窗帘

原室内空间布局

原室内楼梯与阁楼间状况

修（铺设的地毯、吊装的灯具、摆放的家具、安装的窗帘等）风格、规制问题凸显，不能满足当前各项重大活动与会议需要。同时，建福宫室内与室外环境存在不协调统一的现象。

鉴于以上问题，2017 年初，首次对复建后的建福宫花园区域室内（延春阁、静怡轩、敬胜斋）进行环境提升、改造。主要是在延春阁、静怡轩内重新安装灯具、更新家具及木挂板与铺设地毯等室内装饰、装修，对敬胜斋家具进行更新。

静怡轩施工中

静怡轩灯具、家具改造

延春阁施工中

延春阁家具、灯具改造

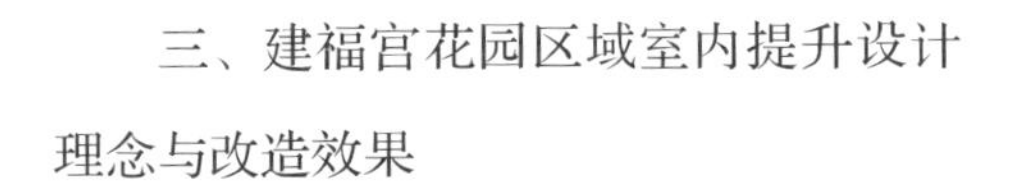

三、建福宫花园区域室内提升设计理念与改造效果

此次建福宫花园区域室内提升在色彩、陈设、灯具、家具、书架、地毯、窗帘、落地罩等方面的选择上独具匠心，试图从传统文化中寻找灵感，呈现极具创新色彩并体现故宫文脉传承的现代文化空间。

1. 四库全书的融入

以四库全书为整体设计主线，与当

延春阁藏书阁内摆放的《四库全书》

延春阁内的背景色调为天青色

静怡轩藏书阁内摆放的《四库全书》

静怡轩内的色彩呈现

代书房空间相融合，设计出独具时代特征的当代文化空间。

2. 色彩上的创新

延春阁、静怡轩整体色调为天青色，建筑梁柱与地毯颜色均采用天青色。天青色的选用源于宋代汝窑天青釉的色彩，使得书房空间清雅高贵、舒适通透。

3. 陈设上的精致摆放

延春阁、静怡轩内摆放明式家具、书籍、陶瓶、微型观景石、文竹兰花精致盆

静怡轩内的精致陈设

名家字画、景观石与明式家具

栽等摆设，清香典雅并富有文人气息。

4. 灯具的选用

选择与建福宫室内空间色调最为接近的灯具，并经后期重新设计和精致拼接，呈现室内灯具的典雅、高贵。藏书阁内暗藏 LED 灯带，丰富藏书阁的空间层次感。顶面与隔扇后同样采用 LED 光纤灯，冷光源、照度高且耗能低。局部区域安装 LED 照射灯，凸显空间亮点，丰富空间层次。

延春阁阁楼顶吊灯

静怡轩的灯具

延春阁的灯光效果

5. 家具与书架的更换

借鉴清乾隆时期文渊阁的藏书形式，设计藏书阁，使其围绕延春阁、静怡轩整个空间；家具的更换灵感同样源于文渊阁，摆放明式家具，古香古色。

延春阁三层明式家具与落地罩

静怡轩的家具与藏书阁

6. 地毯的铺设

天青色肌理的地毯铺设在延春阁、静怡轩室内，与摆放《四库全书》的藏书阁、明式家具、大家字画以及微型盆景恰如其

延春阁内铺设的天青色地毯

静怡轩内铺设的地毯

分地融为一体，犹如一幅兼具传统文脉与当代特色的水墨风景画，古朴、高雅。

7. 磁控窗帘的选用

结合延春阁、静怡轩空间色调与装饰风格，选用磁控中空百叶玻璃窗。密闭的中空玻璃内置米白色遮阳百叶，自由磁控且永久洁净、易保洁。中空玻璃能有效阻隔紫外线并具有很好的保温隔热效果。

米白色的隔扇，清新淡雅

8. 落地罩与隔扇的安装

落地罩在延春阁、静怡轩、敬胜斋中依柱安置，分隔空间，并贴字画。而延春阁阁楼狭小空间内安装隔扇，将设备间隔离在隔扇后面，字画悬挂在隔扇之上。落地罩与藏书阁将延春阁一层分为三个空间，分别为读书静思、名家作品、楼梯空间，使得一层空间更为丰富、温润。

通过此次装饰装修，建福宫花园区域室内环境焕然一新，文化空间得以极

敬胜斋内的落地罩

静怡轩内的落地罩

延春阁内的隔扇

装修后的敬胜斋举办“爱琴遗珍”新闻发布会

大提升，满足了各项重要会议与重大活动需求，提升了故宫博物院文化服务水平与整体形象，同时清香、典雅的室内环境也与室外环境相得益彰。

敬胜斋室外景观

建福宫花园景色

从延春阁三层推门而出，北海白塔尽收眼底

建福宫花园与景山万春亭

第二节　北餐厅区域

北餐厅位于故宫西北角，原属于西连房的一部分。20 世纪 50 年代，被正式改造为职工食堂。在配合全院整体环境提升工作，以及为职工提供更舒适的就餐环境的双重前提下，于 2016 年 9 月开始对北餐厅室内、室外及附近区域进行改造与提升，并于当年 12 月竣工。

一、北餐厅室外及周围区域环境提升

由于工会区域多年未经整修，地面坑洼不平，现代建筑（彩钢房、平屋顶房屋）与周围古建筑环境越发不协调，建筑墙体出现裂缝，存在极大的安全隐患。此外，还存在绿化单一等问题。在此次北餐厅改造过程中，一并将工会区域环境进行提升。

此次环境提升的主要区域是北餐厅外及工会、双松斋，具体工作包括：绿化提升、基础设施更新（上下水安装、电缆铺装、照明设备添置等）、地面更新、拆除原彩钢房屋面及钢结构墙体、对现代建筑进行仿古改造等。

提升后，餐厅整体与周围古建环境更为融洽，职工的用餐及办公环境得到改善。

提升前工会院落地面坑洼不平、环境杂乱

工会院落现代建筑仿古改造中

工会院落线缆整治

北餐厅区域改造紧锣密鼓地施工中

改造后的北餐厅外环境

提升后的工会院内环境

提升后的工会院外环境

提升后的双松斋外环境

二、北餐厅室内环境提升

在北餐厅区域开展室外环境提升的同时，重点开展了室内环境的改造。此次改造在保护古建筑的前提下，合理规划，释放空间，优化环境，最大程度改善职工的就餐条件。

1. 北餐厅原状及存在的问题

多年来院领导十分重视食堂的改进工作，不断调整食堂布局，健全使用功能，提升和改善职工就餐环境。1998 年，为满足职工需要，提高服务水平，对北餐厅进行了一次规模较大的改造，改造后的食堂能同时容纳 96 人就餐。近年来，随着故宫事业的发展，人员队伍不断壮大，但因古建筑多为独栋建筑，受建筑面积的限制，虽采取延长开餐时间、错峰就餐等措施，仍不能满足职工就餐空间的需求。同时，基础设备老化、食堂操作间和库房的使用面积不足，以及功能分区不明确等问题陆续出现。

原一层餐厅环境

空间布局不合理、陈设杂乱

职工就餐拥挤

操作间面积不足、餐厅设备老化

2. 北餐厅室内改造与环境提升

（1）保护优先，精心清理木结构。在施工过程中，首先做好保护措施：第一层铺设多层板，第二层用彩条布铺设，对屋面进行保护；工具与木架接触面利用木块支垫保护；用软毛刷与毛巾清理年代久远的古建木架，还原古建筑本来样貌。

（2）安全照明除隐患。在满足较多照明需求的同时，保证照明设施的使用安全，不引进强电上楼，采用新型光源——光纤灯。光纤照明系统的电力和照明设备均安装在室外，进入室内光纤只传输光，不含钨紫外线等有害光，不导电、不发热，使用寿命长。二层光纤线路选择在房顶隐藏位置布线，保证餐厅环境美观与整齐。在满足室内照明的同时，杜绝了安全隐患。

（3）精益求精，量身定制。在保护古建筑的基础上，本着“动土不动其本，改型而不失其神”的改造宗旨，利用古

年代久远的古建木架尘土较多

作业人员在二层施工中

施工中安装照明线缆

施工中钢结构吊装现场

建筑原有的空间布局，将原有餐厅改为二层就餐环境。钢结构的制作与安装是餐厅由一层改为二层的核心内容，本工程全部使用可逆的钢结构。此结构均采用场外加工定制，将定制好的钢结构现场组装，采用螺栓固定，考虑到柱脚不能破坏现状，将支柱直接立到地面的钢板上，与就近的楼梯结构连接，确保钢结构牢固，最大限度保护现状。

（4）创新思维，改善餐厨环境。为达到“明厨亮灶”的要求，拆除连接就餐区与后厨的现代红砖墙，采用透明玻璃幕墙，让职工直接观看餐饮加工过程，对餐厨卫生与食品加工进行监督。为满足使用需求，一层比原定高度增加了 6 公分，使餐厅两层高度都适宜职工就餐。改造为二层的北餐厅比原有的用餐面积增加一倍多，达到 297.52 平方米，可放置 196 个座位。操作间增加 100 多平方米的库房，用于储备粮食和调料。改造后的操作间区域更加宽敞、安全，易操作。餐桌椅重新更换，选用木质仿古桌椅。餐厅吊装电子显示屏，随时显示二层就餐使用情况，便于职工选择用餐位置。餐厅内贴挂院藏书画仿制品，并摆放与就餐环境相适宜的微型盆景。

通过这次大规模的北餐厅室内外环境提升，既配合了院内整体环境提升工程，

提升改造后的餐厅舒适明亮

操作间前的玻璃幕墙，干净透明

充分、合理利用空间摆放餐桌椅

一层餐厅一隅

二层就餐环境，充溢着浓浓的文化气息

餐厅二层不同主题的就餐环境

又为院内职工改善了办公条件，提供了赏心悦目的就餐环境，职工的幸福指数大大提高。

第三节　东餐厅区域

东餐厅区域主要为院内职工就餐与部分部门办公区域。该区域环境提升作为院容环境提升工作的重要内容，主要涉及室外环境提升和室内环境提升，重点为室内的装饰装修。

一、东餐厅室外环境提升

由于该区域房屋为现代建筑，毗邻东停车场，每天业务往来及工作人员较多，与周围环境不和谐、不统一的现象愈加突出。2016 年，对该区域进行建筑仿古装饰改造、路面更新、景观绿化。

整改后的东餐厅区域焕然一新，营造出雅致的就餐环境、舒适的办公环境、清新的园林环境。

“无绿不美、无石不雅”，东餐厅区域提升后俨然塑造出别具匠心、富含

提升改造前后的东餐厅区域

提升改造后的职工东餐厅

提升改造后的东餐厅外景观

深厚传统文化印记的园林景观。

二、东餐厅室内环境提升

良好的就餐环境与愉快的就餐情绪是促进职工身体健康的重要因素。改造前，东餐厅存在着座位不足、设备陈旧、环境呆板，就餐高峰时段排长队的现象，极大影响职工的就餐心情与状态。鉴于此，2018 年对职工东餐厅内部环境进行了提升。

与北餐厅桌椅规制保持一致，更换餐桌椅，餐位增加约 50 个。采用吴昌硕书画作品装点餐厅，利用餐厅空间位置摆放盆栽，餐桌上统一摆放餐食用品，职工就餐环境得以大大提升，同时也改变了古板单调的就餐氛围，提升了餐厅文化品位。舒适并富有人文气息的就餐环境让职工更能愉悦、舒适就餐，也有利于提高职工的工作积极性。

就餐环境古板（提升前）

餐位不足，缺乏文化气息（提升前）

空间合理利用，餐位增加

餐厅一隅

餐厅环境舒适、明亮，文化气息浓厚

餐服柜台干净、整洁

建福宫、东餐厅及北餐厅区域，在充分尊重古建筑现存状况的前提下，结合建筑特色进行完全可逆的环境改造提升，以中国传统文化底蕴诠释现代生活空间，引领文化经典走进现代人的精神世界，让文化自信活起来。

第五章

园林绿化景观提升

清末文华门前海棠及国槐

2014年，故宫博物院正式开展全院性绿地景观提升工作，对院内树木、植被、土壤、喷灌设施等进行改良优化。通过园林绿化景观提升工作，消除部分景观区域的现代化、商业化、单一化，消除安全隐患，加强对古树、文物及观众的保护；不断扩大开放区域，提升院内环境人文气息，恢复故宫古典建筑与园林景观，为观众创造一个清新雅致、风景宜人的参观环境。

故宫博物院开展景观环境提升工作以来，园林绿化提升作为院内整体景观环境提升的重要工作之一，精益求精、务实创新、合理布局，将园林绿化提升重点分为四大区域，包括：（1）东、西华门区域；（2）御花园区域；（3）慈宁花园区域；（4）其他区域（箭亭至文华殿区域、兆祥所区域、西长房区域、东长房区域、东餐厅区域、北餐厅区域等）。

第一节　东、西华门区域

该区域主要为东华门内以西、协和门外以北，西华门内以东、熙和门以西，十八槐、冰窖及上驷院区域。该区域共计约5万平方米的绿地，这些区域在明清时期属于前朝区域，在此区域活动的人员多为外臣、宗亲及内务府人员等。该区域以高大乔木为主，多栽植松柏、槐、柳等树木来营造庄严肃穆的景象。除去这些树木以外，文华门外道路两侧长有西府海棠，应为清末时期文华殿学士所栽；武英殿外道路两侧，依据宫廷资料栽植榆叶梅及丁香。林下地被则以本土品种二月兰、紫花地丁、车前草为主，未精心栽培地被花卉植物等。

建筑渣土不利于植被生长

东华门内土壤含大量建筑垃圾

一、该区域存在的问题

1. 土质不良

植物生长离不开光照、水分、土壤、温度及养分这几大因素，不同质地类别的土壤所呈现出来的物理性质（如土壤孔隙性、结构性、耕性等）会有明显差异，化学性质（如保肥性、供肥性、酸碱性等）也会存在差异，从而表现出不同的肥力状况，对植物生长发育产生不同的影响。

院内原有开阔绿地多为黏壤土，因不能科学施肥导致土壤肥力差，且因历史原因大部分草坪是建植在建筑渣土上，大块砖石阻碍植物根部在地下伸展，导致地被植物、小乔木、灌木等长势不旺盛。因此，需进行筛土工作，翻出砖头石块，以利于植物扎根。

2016年，取故宫11处绿地土样，送至北京市农林科学院植物营养与资源研究所进行土样基本理化性质分析；取草坪生长最差的土壤（武英殿东南绿地土壤区域土壤）进行土壤质地组成分析。（注：粒径大于0.2厘米的壤土称为石砾，有其他度量方式。）

武英殿东南绿地土壤质地组成分析结果

土壤 深度 (cm)	0.25mm ≤ Φ ≤ 2.00mm %	0.05mm ≤ Φ ≤ 0.25mm %	0.02mm ≤ Φ ≤ 0.05mm %	0.002mm ≤ Φ ≤ 0.05mm %	Φ < 0.002mm %
0 ~ 20	17.93	29.19	18.00	19.00	15.88
20 ~ 40	16.54	27.58	18.00	22.00	15.88
40 ~ 60	14.64	33.48	12.00	22.00	17.88
60 ~ 80	10.59	31.53	14.00	22.00	21.88

国际制土壤质地分类表

质地分类		各级土粒重量 %		
类别	质地名称	黏粒 （< 0.002mm）	粉砂粒 （0.002mm < Φ < 0.02mm）	砂粒 （0.02mm < Φ < 2mm）
砂土类	砂土及 砂质壤土	0 ~ 15	0 ~ 15	85 ~ 100
壤土类	砂质壤土	0 ~ 15	0 ~ 45	55 ~ 85
	壤土	0 ~ 15	35 ~ 45	40 ~ 55
	粉砂质壤土	0 ~ 15	45 ~ 100	0 ~ 55
黏壤土类	砂质黏壤土	15 ~ 25	0 ~ 30	55 ~ 85
	黏壤土	15 ~ 25	20 ~ 45	30 ~ 55
	粉砂质 黏壤土	15 ~ 25	45 ~ 85	0 ~ 40
黏土类	砂质黏土	25 ~ 45	0 ~ 20	55 ~ 75
	壤黏土	25 ~ 45	0 ~ 45	10 ~ 55
	粉砂质黏土	25 ~ 45	45 ~ 75	0 ~ 30
	黏土	45 ~ 65	0 ~ 35	0 ~ 55
	重黏土	65 ~ 100	0 ~ 35	0 ~ 35

根据国际制土壤质地分类，武英殿区域土壤 0 ~ 80 厘米均为黏壤土类。该类土壤通透性稍差，但保水保肥能力强，因黏土内孔隙少，土壤内部水流不畅，极易在土壤表面形成水流，植物易遭受涝害，且植物扎根困难，导致植物根系不发达。黏壤土因保水效果好，土温变化小，早春不易升温，不利于春季植物的返青出芽。

2016 年院内 11 处土壤（0 ~ 30cm）土样理化性质测试结果表

编号	样品名称	全氮 g/kg	有机质 g/kg	水解性氮含量 mg/kg	有效磷 mg/kg	速效钾 mg/kg	全盐 g/kg	EC mS/m	pH	容重
1	古建部前	1.17	30.4	30.4	12.9	169	0.98	20.2	8.16	1.08
2	文华殿东南	1.37	29.5	47.96	15.6	198	0.97	20.8	8.03	1.07
3	古建部对面	1.78	45.3	36.98	20.1	173	1.03	23.2	7.92	0.814
4	红本实录库外	1.33	36.6	25.12	11.2	159	0.80	18.4	8.19	1.26
5	南三所前	0.708	13.8	6.59	22.4	216	0.86	19.0	8.32	1.28
6	上驷院	1.43	46.3	10.82	16.3	145	0.93	16.1	8.17	1.02
7	十八槐	1.00	16.6	11.29	8.6	177	0.81	16.8	8.25	1.08
8	冰窖	1.00	26.3	9.05	13.0	172	0.83	18.8	8.28	1.17
9	箭亭	0.845	22.3	10.3	8.6	177	0.79	16.4	8.51	0.745
10	工程管理处外	1.46	47.3	13.16	20.6	195	0.71	17.3	8.15	1.10
11	武英殿东南	1.54	31.5	13.14	9.7	168	0.74	15.8	8.09	1.07

园林绿化种植土壤理化指标

项目	分级指标		
	一级	二级	三级
土壤 pH 值	6.5~7.5	6.5~8.5	6.5~8.5
土壤全盐量	≤ 0.12		
土壤容重（g/cm³）	≤ 1.20	≤ 1.20	≤ 1.35
有机质（g/kg）	≥ 25	≥ 15	≥ 10
水解性氮（mg/kg）	≥ 150	≥ 100	≥ 60
有效磷（mg/kg）	≥ 20	≥ 15	≥ 10
速效钾（mg/kg）	≥ 130	≥ 120	≥ 100
石砾含量（%）	≤ 20		
	粒径≤ 2cm	粒径≤ 2cm	粒径≤ 5cm

（注：此表引用北京市地方标准 DB11/T 864-2012）

参照北京市园林绿化种植土壤理化指标，可以看出院内土壤中水解性氮含量普遍低于三级种植土的标准，不能满足植物正常生长需求。

南三所前、十八槐与箭亭区域土壤有机质含量较低，全氮含量也低于正常土壤氮素水平。土壤中缺乏有机质易使土胀现象严重，土壤失水干燥，表面极易板结开裂，太阳直射植物浅层毛细根，加快浅层土壤及植物毛细根的水分挥发，导致植物整体缺失水分而生长不良。

院内原有开阔绿地多为黏壤土，长期施肥缺乏科学性致使土壤氮素含量低；许多草坪因建植在建筑渣土上，土壤中石砾含量较高，渣土中的石灰会导致土壤整体 pH 值偏高；部分区域土壤有机质含量偏低，极易形成板结，根部不透气，土壤轻度盐碱化。以上综合原因导致地被植物、小乔木、灌木等长势不旺盛，土壤改良工作急需进行。

2. 花木栽植存在不足

近些年来，人文景观与自然景观逐

渐成为观众游览、参观的热点。在园林改造提升前，院内花木栽植除御花园外，其他区域花木栽植数量较少、品种单一，且花卉搭配不合理；由于未进行科学、规范、精细的管理与养护，花木长势不佳，花木树堰不成型，多数裸露土地不美观；缺乏匠心与创新，缺乏文化内涵与人文气息，未能彰显皇家园林的典雅与色彩。以上花木栽植的种种不足，易使观众在参观时产生“审美疲劳”，降低紫禁城的整体艺术美感，不能很好满足观众对参观环境的深度体验。

3. 喷灌系统不科学

院内种植绿地植物是为了美化环境、净化空气、降低噪音，为观众提供舒适、优质的参观环境。然而大规模开阔绿地喷灌系统并不规范，大部分采用人工地面漫灌，设置地上喷头，取内河水喷灌。而内河水不符合园林喷灌水的要求与标准，绿地植物易染病，且人工设置喷灌喷头及水管实施喷灌过程中，出入绿地，践踏地被植物，极易造成植物长势不佳甚至死亡。同时，人工地面漫灌方式不科学、不规范，不便于适时适量灌溉，且灌溉水量大，水资源不能合理有效使用。因此，需对院内大面积绿地的喷灌设施进行优化改良。

4. 优良地被植物匮乏

林下地被植物以本土品种二月兰、紫花地丁、车前草为主。2013 年以前，曾栽植早熟禾等冷季型草坪来替换原有草花，以达到美观整齐的效果。但因植物均未精心栽培、及时养护，加之树木繁茂，地被植物采光不佳，不利于早熟禾等植物的生长。久而久之，草坪退化，杂草丛生。

5. 古树管理不规范

开放区域内部分古树树龄较大、树势衰弱，从而出现树枝空洞，支撑力不足，产生倒伏现象。为更好地保护古树，自清末便有采用古树支架的保护方式。因院内古树支架使用年限较长，管理不及时、规范，支架与修补树洞外观不雅，园林绿化景观提升也将古树精细管理工作纳入其中。

二、提升工作内容

随着院内开放区域的逐步扩大，为更好地服务观众，满足观众对参观环境的多样化需求与深度体验，营造舒适、轻松、整洁并具有人文特色的园林景观，故宫博物院逐步对东华门区域、西华门区域的大片开阔绿地景观进行系统、全面的改善、提升。提升工作主要包括以下五个方面：

1. 土壤改良

土壤为园林植物生长的主要元素之一，通过原土翻土改良，筛出建筑渣土，混入腐叶土、有机肥等，调节土壤 pH 值，改变孔隙度，减少土壤板结，增强土壤保水保肥性，以符合行业相关标准。在实际土壤改良筛土过程中，大于或等于 2 厘米的石砾量约占原土壤体积的 30%。

2. 栽植花木

依靠原有海棠与丁香历史文化，发挥古典园林优势。花木栽植结合区域特点，栽植不同花木，精细塑造园林景观。通过扩大化栽植西府海棠 377 棵，丁香 181 棵，形成海棠园、丁香园等以花木为主体的特色园林御苑景观，并配套铺设观景台、观花路等园林设施。具体方案如下：

（1）在东华门内以西，古建部前（三座门以南），协和门以东及北部办公区外等绿地范围内，栽植规格、品种不同的西府海棠 377 株。

（2）三座门前及南三所前绿地种植绚丽海棠 86 株，独杆紫薇 44 棵。

东华门以内西府海棠

文华殿前西府海棠

三座门前绚丽海棠

南三所区域紫薇

（3）协和门外以北至左翼门外，文华殿西侧，栽植碧桃 150 株。

（4）西华门内以东，熙和门以西，断虹桥以南绿地范围内，道路两侧补栽榆叶梅 36 棵。南薰殿以北绿地内，片植榆叶梅 50 棵，构成景观林带。

（5）武英门外东南侧绿地内，片植丁香 181 株。

（6）兆祥所、消防队、武英殿外、十三排区域栽植丛状紫薇 4420 棵。

西华门区域榆叶梅

武英殿区域丁香

协和门外碧桃

2017-2018 年院内乔灌木栽植一览表

品种	规格			种植区域	数量
	地径（cm）	树高（m）	冠幅（m）		
西府海棠（45cm）	45-50	5.5-6.5	5-5.5	东华门	10
西府海棠（18cm）	18~20	3~3.5	2.5~3	东华门	55
西府海棠（13cm）	12~13	2.5~3	2~2.5	东华门	312
碧桃（10cm）	10	2~2.5	1.5~2	箭亭	137
碧桃（15cm）	15	2.5~3	2~2.5	箭亭	8
丁香球（丛状）	5	1.2~1.5	1~1.5	西华门	150
丁香（12 ~ 13cm）	12~13	1.5~2	1.5~2	西华门	21
丁香（15cm）	15	1.8~2.2	1.5~2	西华门	10
绚丽海棠	12~13	2.5~3	2~2.5	三座门、南三所前	84
八棱海棠	12~13	2.5~3	2~2.5	内阁大堂外	27
榆叶梅	8~10	2.5~3	2~2.5	西华门	114
紫薇（丛生）	3	1.5	1	武英殿外、兆祥所、消防队	4420
紫薇（独杆）	8~10	2.5~3	2~2.5	上驷院、东华门、西华门	108
石榴	20~25	1.8~2	2~2.5	午门西弯道、上驷院、档案馆	31
银杏（18cm）	18~20	8	4	十八槐	8
银杏（28cm）	28~30	10	6	十八槐	10

在园林景观提升过程中，注重细节管理，用“新”塑造。诸如修整美化树堰，既利于松土保墒，也提升了园林绿地的观赏性。同时，在树堰范围内选择性增加覆盖物，丰富区域色彩。而覆盖物则采用透水性强且贴近自然的红松树皮，既美化外观也防止扬尘。

3. 喷灌改良

喷灌最大的改良在于灌溉系统的改良——自动控制给水，而给水管道则采用耐高压、韧性好、施工快、寿命长且成本较低的轻质管材 HDPE 双壁波纹管。喷灌管道设备绿地内埋深1米，便于冬季泄水。在喷灌阀门井内设置泄水阀，给水管线均以不小于 0.3% 的坡度向阀门井或泄水井找坡，在支线管道低点设置自动泄水阀。

喷灌设备地埋状态

喷灌设备工作状态

此次喷灌系统全部采用地埋式喷头进行喷灌。选取不同规格的喷嘴，可根据地块大小调整射程。喷灌喷头选用优质绿地常用品牌，优势在于性能稳定，故障率低，抗污能力强，角度和射程易于调节，喷洒均匀度高，节水效果好，在调节喷洒角度和射程之后，仍能保持喷灌强度不变。

4. 地被植物优化

地被植物优化，首先是增加耐阴植物种类，如玉簪、萱草、马蔺、鸢尾、麦冬，改善草坪目前存在的地面裸露、斑秃现象，部分区域重新更换草皮，合理利用覆盖物改善树池存在的地面裸露问题。

其次，在植物种类搭配方面，合理使用不同规格、冠幅的地被植物，极大可能地避免树下荫蔽环境对地被植物产生的不良影响。利用玉簪、萱草、马蔺、鸢尾、麦冬等开花期不同的植物增加色彩层次，通过列植、丛植、片植等方式，并伴有假山石等，营造典雅的空间效果，呈现古典园林之美。

提升前地面裸露现象严重、植物匮乏

西华门内区域草皮更换

冰窖至右翼门区域草皮更换

片植玉簪

片植麦冬

5. 古树外形提升

院内古树为绿色文物，具有极高的历史文化价值，但是长期以来，自然灾害、病虫害、人为等因素，使得院内古树衰老、外形不美观。因此，需采取相应措施，升级改造破旧古树支架，加强对古

300 多岁的紫薇
支架养护

树树洞的管理与养护，延缓古树的衰老，提升古树美观度。

三、提升成效

1. 土质变良，保障植物生长

改良过后，土壤无建筑渣土，属土壤中最适合植物生长的壤土类，且所含各类元素均符合种植土的要求与标准，土壤pH值明显下降，保障植物长势良好。

2. 花木品种优良，地被植物丰富

园林绿化景观提升后，花木品种优良、丰富。腊梅、玉兰花、碧桃、杏花、梨花、牡丹、海棠花、榆叶梅、丁香、荷花、月季花、石榴花、紫薇、玉簪、桂花、菊花、水仙等不同节气的花卉陆续绽放，观众于不同时节来院可参观到不同的园林景象，既能享受到百花争艳、千芳吐蕊、姹紫嫣红、花团锦簇等视觉盛宴，也能感受到当年御苑内“借榻花下”的惬意。

对玉簪、萱草、马蔺、鸢尾、麦冬、荷兰菊等不同开花期植物采用不同的种植方式，增加色彩层次。

改良后土壤（0 ~ 30cm）土样理化性质测试结果表

编号	样品名称	全氮 g/kg	有机质 g/kg	水解性氮含量 mg/kg	有效磷 mg/kg	速效钾 mg/kg	全盐 g/kg	EC mS/m	pH	容重
1	改良土	1.74	44.2	160	48.6	180	0.98	23.2	7.45	1.08

改良后绿地土壤质地组成分析结果

土壤深度 (cm)	0.25mm ≤ Φ ≤ 2.00mm %	0.05mm ≤ Φ ≤ 0.25mm %	0.02mm ≤ Φ ≤ 0.05mm %	0.002mm ≤ Φ ≤ 0.05mm %	Φ < 0.002mm %
0 ~ 20	21.93	30.19	18.00	18.00	11.88

院内北部区域碧桃（一）

院内北部区域碧桃（二）

院内北部区域牡丹

东华门内区域西府海棠（一）

东华门内区域西府海棠（二）

南三所区域绚丽海棠（一）

文华殿区域西府海棠

南三所区域绚丽海棠（二）

箭亭至左翼门区域红叶碧桃

院内北部区域荷花

南三所区域紫薇

上驷院区域紫薇（秋季）

兆祥所区域紫薇

箭亭广场南区域月季花

左翼门东侧区域月季花

东华门内区域玉簪

列植荷兰菊

片植玉簪

片植麦冬

东华门内草皮铺设

隆宗门至断虹桥区域草皮铺设

铺设区域绿地草坪以及更换大面积裸露地面草皮，增强了景观的整体协调性。

3. 景观石点缀园林

根据区域园林特点摆放形态各异的景观石，为园林景致增添生机活力，营

南三所区域景观石（一）

文华殿区域景观石

南三所区域景观石（二）

造优美、典雅的人文景观，最大限度地创造古典园林之灵动美。

4. 喷灌系统科学规范

技术成熟且科学规范的喷灌系统，既有效地保障了园林植物的日常绿化养护，同时也与现有景观相互协调、配合。根据区域植物与环境特点选用不同的喷灌设施，既具有观赏性，又营造出舒适的景观效果。

5. 古树外形美观自然

通过对古树外形进行细致提升，原有突兀的黑木板被更为贴合树皮颜色的

东华门内区域喷灌系统（一）

东华门内区域喷灌系统（二）

文华殿东侧区域喷灌系统

东餐厅区域喷灌系统

最新古树支架、堵洞

基于支架保护，夏季古树生长繁盛

树脂树皮代替。树脂树皮刻有原树木的纹路，古树外形更为自然。而最新的古树堵洞则采用只打龙骨不进行内部填充的技术，对内部树皮进行除虫防腐处理，防止填充物长时间对古树内部木质的侵蚀，以更好地保护古树。

通过对东、西华门大片开阔绿地区域进行土质改良、栽种与补种花木、更换草坪、改良喷灌系统等，该区域环境得到很大改善，并形成各具特色的主题景观带，成为观众流连忘返之地。

三座门区域提升前

三座门区域栽植绚丽海棠

三座门前东南区域提升前

三座门前东南区域栽植西府海棠、更换草皮

东华门内区域园林提升前后（一）

东华门内区域园林提升前后(二)

文华殿区域园林提升前后

三座门区域地面裸露、绿植匮乏

三座门区域更换草皮

东华门内区域地面裸露

东华门内区域铺设草皮

东华门内区域补种海棠

东华门内区域原状

东华门内区域补种海棠、铺设草皮

东华门内区域原状

东华门内区域栽植绿植、铺设栈道、增添服务设施

协和门南侧区域景观提升前后

协和门北侧区域景观提升前后

东餐厅前假山区域环境提升前后

南三所至东餐厅区域绿化提升前后

熙和门区域绿化提升中、提升后

西华门内区域绿化提升前后

西华门内文保科技用房前区域绿化提升前后

第二节 御花园区域

故宫是一座兼具历史价值与艺术价值的博物馆，不仅是世界上最大的木质结构建筑群，也是园林艺术的典范，其中以御花园的宫廷古典园林最具代表性。御花园坐落在紫禁城中轴线上，即明代的“宫后苑”，清代改称为“御花园”。

御花园旧景

其占地面积11700多平方米，布局紧凑，是紫禁城四个宫廷园林中最大的一座。明代文学家王世贞曾这样形容御花园："危亭藻井锁芙蓉，镇日烟云袅自封，奇石翳藤疑伏虎，古松撑汉欲成龙。金盘有露悬孤掌，玉辇无时下九重，拟向前朝询旧绩，白头中贵好从容。"由此可见，当时御花园奇石罗布、古树葱茏、碎荫笼地、彩石铺路，配以碧瓦红墙、玉砌雕栏，无处不彰显着宫廷园林的皇家气派。御花园虽建于明代，但清朝时期并未太多改创，基本沿袭了明朝的园林形制。

一、该区域存在的问题

御花园原为皇帝禁城御园，以宫殿为背景，缺乏大环境依托，只服务少数皇室人员，空间较小。而现御花园平均每天接待约8万人次参观，导致原有花园难以负荷、问题频出。

问题一：园中空间布局不合理，树池金属围栏、花圃金属围栏占地面积大，致使园路窄且错综复杂，观众游览空间狭小。大量观众滞留园内，造成路段拥堵，形成潜在的安全隐患。

问题二：园内裸露地面较多，无覆盖物，极不美观，且北方春、秋、冬三季风沙大，极易扬尘，观众参观不舒适。

问题三：御花园一般是观众参观游览必到的最后一站，观众在参观至御花园时已经劳累，但园内又无多余座椅可寻，观众只能倚坐在树池围栏或花圃围栏上面休息，甚至席地而坐，极不雅观，并且观众自身也不舒适，满意度大大降低。

问题四：花园中东西两座鱼池水位较深，观众如遇拥挤或不小心掉入鱼池内，易产生危险。

问题五：古树为御花园内重要观赏景观之一，但因多数古树支架数量较多，且多数用金属护栏保护，影响园林景观整体的观赏性，阻碍观众参观视线。同时，对部分枝杈较细树木也进行支撑，而这些树木可修剪、撤支架，这样既可调节树木长势，又提升古树名木的景观效果。

问题六：部分植物与古建筑墙体距离较近，存在安全隐患。

大量观众滞留御花园

园内大面积地面裸露

大量游客倚坐在树池围栏上

园内金属围栏随处可见，观众服务设施较少

御花园鱼池水位较深、水质差

树池围栏紧密导致园路狭窄

御花园提升前局部区域环境状况（一）

御花园提升前局部区域环境状况（二）

二、提升内容与效果

1. 添置路椅，改造树池

在园内添置路椅，方便观众短暂休息，同时保护了园内古树与花草植被。在古树原有池子围栏上铺设木质结构，既与园内环境完美融合、协调，也为观众提供休憩的服务设施。

2. 缩小原有古树、花圃围栏面积，

园内添置路椅

园内路椅随处可见

观众坐在花池旁路椅上休息

花池旁添置路椅

花池围栏，可供观众休息

观众坐在木质花池围栏上休息

坤宁门外楸树池改造前

坤宁门外楸树池初步改造后

坤宁门外楸树池最终改造后

拆除原有金属围栏，采用木质护栏围绕古树本体，扩大园路空间

护栏选用原木质，与周围园林环境恰如其分地融为一体。而木质护栏并未直接固定在古树上，用精小的木棍连接古树与护栏。木棍不与古树直接接触，在木棍与古树间加入胶垫，从而大大减少对古树的直接破坏。与此同时，根据古树的外形轮廓，装置不同形状的木质护栏。铺设防践踏树根的木地板，新铺装的木地板为防护透水板，与石子路紧密连接，覆盖住原本裸露的土地，避免刮风时尘土飞扬，也增加了观众的活动空间。用绿植形成自然围栏，对室外文物（假山石、盆景、石雕等）进行绿色软隔离。绿色软隔离带补种万年青、牡丹、芍药、紫薇等观赏性较强的花卉，既可以保护好园内古树、古建筑、室外文物等，也扩大了园内观众参观空间，方便观众行走，减少堵塞危险，提升观感体验。

采取以上整改提升措施后，通行面积与原来通行面积相比增加近一倍。同时，

原天一门前地面裸露、绿植匮乏

天一门前绿植软隔离带，有效保护室外文物

天一门南侧提升前后

无形中减少了对御花园彩色石子路面的磨损，可谓一举两得。根据园内区域特点，金属围栏拆除后，部分采用石护栏对室外文物进行隔离保护，也整体提升了御花园古典园林的文化氛围。

西路古树周围地面裸露、金属围栏

西路种植牡丹，形成软隔离带，保护室外文物

园内绿植较少且地面裸露

栽植紫薇，丰富园林景致

原鹿苑区域提升前后

御花园西侧提升前后（一）

御花园西侧提升前后（二）

御花园西侧提升前后（三）

御花园西侧提升前后（四）

御花园西侧区域种植花卉前后

古树装置木质护栏、铺设木栈道，扩大园路空间

精巧的木棍连接木质护栏与古树，减少对古树的破坏

根据古树外形特点，装置方形护栏

古树下铺设铁质保护网，扩大园路空间

提升后，园路空间扩大、布局合理

石护栏有效保护室外文物，提升古典园林景致

3. 改进古树支架，减少支架数量

通过改变原有古树支架支撑方式，对树枝采用吊枝、拉纤或者修剪方式，减少支架数量。对部分古树支撑物进行提升，用树木代替原有木棍。采用以上提升方式，大大提升古树的整体观赏性，扩大视觉参观空间，减少过多支架给观众带来的安全隐患。

改进古树支架后，园内整体观赏性得以提升

改进后的堆秀山旁古树支架

改进后的支架能更好地保护古树，更与环境融洽、协调

改进后的支架能减少安全隐患且更具观赏性

结合园内古树外形特点合理搭建支架

古树支撑物改造前后

4. 鱼池修缮及周边环境提升

由于鱼池水位较深、水质差，抽水清淤后，在原有鱼池内嵌入玻璃钢水池，缩小鱼池深度。池内选用循环水源，养殖景观鱼，补植睡莲。提升后，为园林景观增添一丝生机、一点昂然、一份雅致。

此次御花园的提升因地制宜，而又不拘一格。整体景观提升设计与周围环

御花园东鱼池提升前

御花园西鱼池提升前

鱼池抽水后，清理池底淤泥

鱼池提升过程中，底部铺设石砖

鱼池提升后，水质清澈、鱼群游弋

观众欣赏鱼池风景

鱼池周围绿化提升后景致

境需求实现最佳平衡，巧妙、合理布局，使得园林景致和谐、统一，营造出宫廷园林整体景观的美学观赏效果。御花园的景观提升，在于从细节出发，而提升的每个角落蕴含着为观众提供人性化服务、用心服务、安全服务的理念。提升后的御花园既保留了原有皇家园林的风貌，又融入很多开放元素，多了一分便捷与安全，多了一点意趣盎然，多了一些宫廷园林韵味，更好地服务于大众。

第三节　慈宁花园区域

慈宁花园是紫禁城四座花园之一，位于内廷外西路慈宁宫西南，始建于明嘉靖年间，是明清两代太皇太后、皇太后及太妃嫔们游憩、礼佛之处，后来被戏称为“退休女性的世界”。慈宁花园限于宗法、礼制、风水等因素，不同于一般园林，未有登高构物，没有曲径通幽的园林意境。建筑为左右对称格局，严谨并略显单调。而增设临溪馆、临溪亭，依靠园内水池、山石、花木，营造出浓厚的园林氛围，体现了慈宁花园造园艺术的高超与智慧。园内以松柏为主，间有银杏、梧桐、丁香、海棠掩映。经过明清两朝，花园总体布局与规模始终没有太大变化。

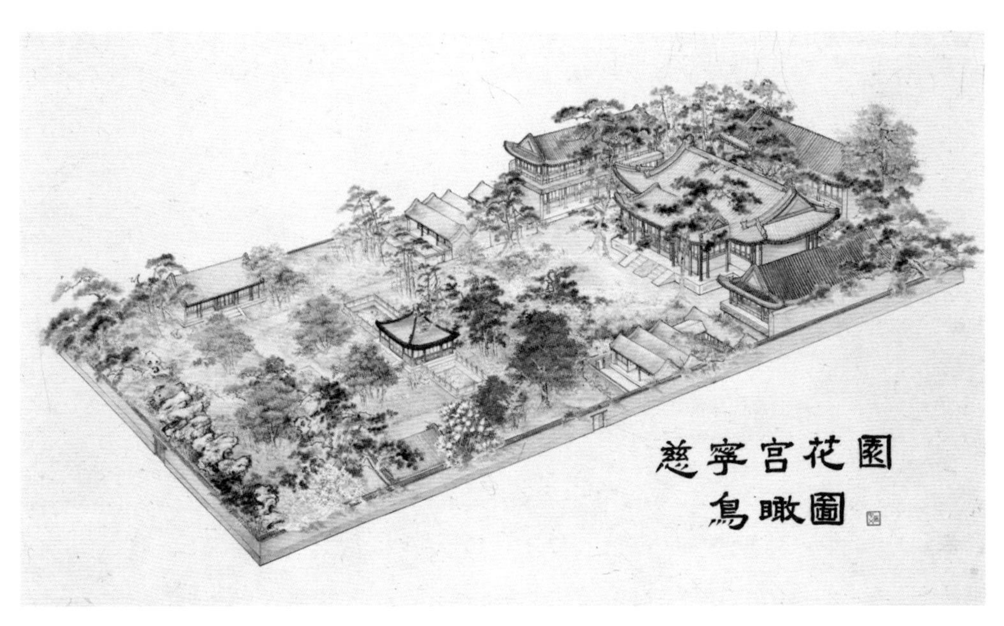

慈宁宫花园鸟瞰图

2013 年以前慈宁宫一直被作为文物库房使用，很长一段时间园内荒废，杂草丛生。2013 年院内非开放区域除草清理工作开始后，慈宁花园才慢慢露出真容。通过全面修缮，花园内整体绿地景观得到提升，花园于 2015 年首次对观众开放。

一、该区域存在的问题

绿地景观环境提升前，由于慈宁宫区域被作为院内文物库房使用，长时间未进行古建修缮、园林养护等工作，区域内主要存在三方面问题。问题一：绿植单一（多以松柏为主）、杂草丛生、地面裸露、植被存在病害。问题二：园林空间杂乱，园路窄，原有空间布局并不能满足较多观众参观需求。问题三：鱼池多年未使用与维护，池内水质浑浊且未有水植和景观鱼，景观效果差。另外，鱼池较深，对外开放必然存在安全隐患。

慈宁花园植被单一

1982 年的慈宁花园杂草丛生

慈宁花园地面裸露

慈宁花园原有鱼池状况

二、提升内容与提升效果

1. 铺设木地板、增设路椅

慈宁花园北部作为太后太妃们礼佛的场所，建筑规整，地面海墁细砖。而南部作为休憩区，则以花园为主，除去中轴线道路外，其余道路均为方砖搭配卵石道路。现有园路较窄，南北方向主路也不过宽 1.7 米，其余小路均为 0.8 ~ 1 米宽，不适合多人同时行走。为满足开放后较多人流通行顺畅的要求，同时降低石子路面的使用强度，无形中保护原有石子路，在石子路方砖两侧各增加 1 米左右宽度的木塑栈道，拓宽园路至 3.7 米宽，如遇古树做树池保护，拓宽观众的参观活动空间，增设路椅，满足观众舒适参观的需求。

2. 种植地被植物

清除原有杂草，翻土 0.3 米，施入肥料使其达到种植土要求，栽植牡丹、月季、麦冬、冷季型草坪等。

3. 修缮鱼池

慈宁花园临溪亭旁设有鱼池，长 24.16 米，宽 6.68 米，深 2.5 米。2015 年准备修葺时发现临溪亭鱼池池壁、池底均为青白条石砌筑，东侧池壁底部正中后封砌方整洞口，疑为原进水口，沿池壁根周围有钢筋混凝土圈梁，现仅查明为 1957 年“修缮慈宁花园临溪亭工程报请核示”，但未发现圈梁制作时间、用途等记录。经灌水试验，26 吨水 8 小时完全渗漏。下池底勘查，池底条石稳固，未发现松动迹象，推断为池底垫层已无防水功效。因原防水毯上铺淤泥进行压盖导致池内渗水性极差，且鱼池东西两侧有古槐树，遮阴面积较大，占水池面积 80%，秋季落叶经常导致水质浑浊。池内循环系统不畅，外加夏季天热，极易产生水华现象，导致池水发臭，影响游客参观体验。为满足水池蓄水功能，最小限度干扰文物本体，去除池内原有淤泥及防水毯，池由底部钢架结构支撑，由玻璃钢做出鱼池造型嵌在原有水池内。玻璃钢总体接近原鱼池石材构造（仿古），玻璃钢面层凸凹不平，更易与原水池融合在一起，玻璃水池下部由方钢支撑保持其稳定度。玻璃水池四周池壁砌花岗岩来掩盖与原青白石池壁之间的缝隙。

经过改造后的水池放水高约 1 米，放置水生植物睡莲，再投入锦鲤，营造出鱼戏莲叶间的古韵、喜乐、雅致画面。

4. 设置鹿苑

故宫内驯养梅花鹿的历史悠长，当时宫内鹿苑位于御花园西南区域。为丰富故宫园林景致、提升园林活力，同时

铺设木塑栈道，拓宽园路

增设路椅，方便观众休息

树荫下种植月季，花池内栽植牡丹

慈宁花园内片植麦冬

慈宁花园内栽植的月季花

月季花怒放

鱼池水质清澈，睡莲栽于池中

池中锦鲤自由游弋

丰富、创新展览思路与形式，结合院内文物展览，在慈宁花园同步展览活体梅花鹿。2017 年、2018 年均向承德市避暑山庄借野生梅花鹿，加强与避暑山庄的文化交流。为保障梅花鹿适应新环境、健康生活，对慈宁花园南部假山区域进行提升改造，设置鹿苑。

驯养场地东西长 45 米，南北宽 14.3 米，总面积 643.5 平方米。鹿舍位于场地西侧，面积为 22 平方米，高 2.5 米，用水泥板或石板铺地。饮水与喂食槽位于西部南侧，因假山后有接水口，方便清理水槽及鹿舍。在鹿场四周设置栏杆，高 2.5 米，以防鹿善跳而逃逸。

2017 年，梅花鹿的首次到来与亮相，吸引了大批的观众前来观赏，也引来了媒体的广泛关注。梅花鹿健康活泼、性格温和，还极具“镜头感”。为确保梅花鹿的安全，由专业资深的管理人员与兽医随行。

慈宁花园景观提升是对古建筑的一种保护方式，是对宫廷园林的尊重，同时也为观众提供了优质的参观环境，对于观众的参观也起到了很好的分流作用。园林景观提升后的慈宁花园，古朴、典雅、舒适。

2017 年改造后的鹿舍

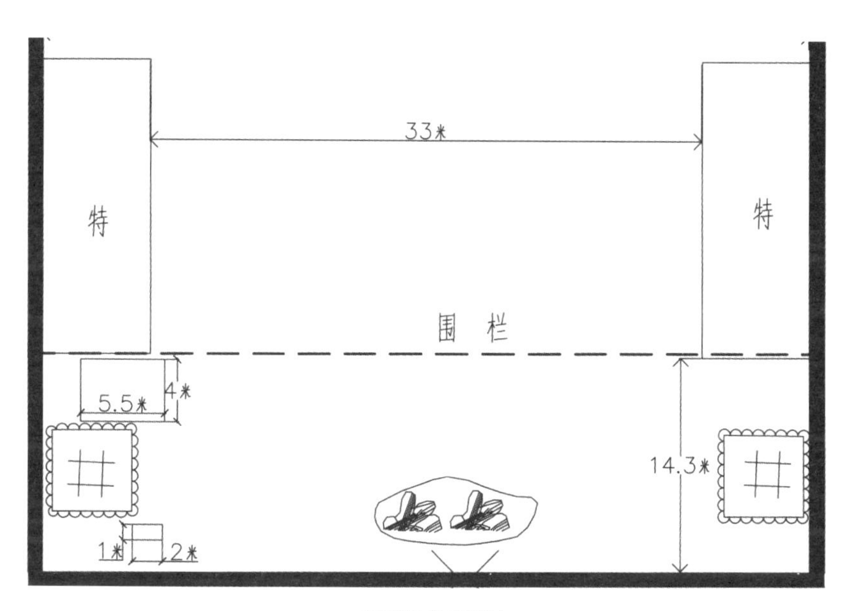

驯养场地示意图

故宫来了9只梅花鹿

单霁翔：将向海外拓展"故宫模式"

梅花鹿的到来引来媒体广泛关注

镜头下的梅花鹿

温顺的梅花鹿

绿化提升前后的慈宁花园局部景观

绿化提升前后的临溪亭区域景观

古树的养护提升前后状况

绿化提升前后的临溪亭南侧区域景观

丁香盛开的慈宁花园

东华门、西华门、御花园、慈宁花园区域为主要绿地景观提升区域，与此同时，也对箭亭至文华殿区域、兆祥所区域、西长房区域、东长房区域、北餐厅区域、东餐厅区域等进行了绿化景观提升。该项工作涉及区域较广、施工内容烦琐，但故宫人运用科学和智慧圆满解决了土壤改良、科学栽种苗木和间伐树木、增设区域喷灌设备等难题，还以宫廷园林的典雅与古韵景致，提升了故宫博物院在管理与服务上的专业度与精细化，加快了故宫博物院进军世界一流博物馆的步伐。

第六章

环境提升的实现与展望

故宫博物院环境提升工作从微观服务的细节亮点到宏观服务的精细管理，成效显著：院内四季有景，景致宜人，皇家园林景观逐步呈现；开放面积逐步扩大，观众的参观体验更加多样化、立体化；景观提升的同时增添文化气息与人文色彩，故宫的形象品位与环境品质得以重塑。

第一节　皇家园林景观的全新营造

自 2015 年以来，通过对原有土质的改良、绿植的栽植与补种、喷灌系统的革新、景观石的添置以及创新古树保护技艺等等，故宫园林景观得到了前所未有的提升与改善。2018 年，院内已完成约 3 万平方米的绿地景观提升工作，预计在 2019 年完成全部绿地景观提升项目工程任务。园林景观提升既是对故宫园林景观的恢复与保护，同时也为国内外观众呈现了故宫古典皇家园林景观的原有面貌，与周边古建筑、古树形成了美丽的天际轮廓线，构成一幅舒适、和谐、典雅并具有人文色彩的皇家园林景观。

东华门内区域绿化提升后远观景致

绿化提升后的东长房区域

绿化提升后的南三所区域

绿化提升后的东餐厅区域

绿化提升后的上驷院区域

绿化提升后的箭亭至左翼门区域

绿化提升后的慈宁花园区域

绿化提升后的西长房区域

绿化提升后的御花园区域

绿化提升后的冰窖至西华门区域

绿化提升后的武英殿区域

绿化提升后的西华门内区域

绿化提升后的协和门区域

绿化提升后的宝蕴楼门前区域

第二节　故宫对外开放区域的逐年扩大

随着院容环境提升工作的不断开展，故宫的开放面积逐年增大。2002、2012年、2014年、2015年、2016年、2018年开放面积分别为30%、48%、52%、65%、76%、80%，而之后开放面积要继续增长，预计故宫博物院百年院庆之时，开放空间达到85%，将未开放的5.1万平方米古建筑全部开放。

故宫从2014年至今开放区域如下：

1. 2014年对外开放区域：文华殿、武英殿。

2. 2015年对外开放区域：西部区域（慈宁宫、慈宁花园、寿康宫）、午门雁翅楼、东南城墙、角楼等区域。

3. 2016年对外开放区域：隆宗门至武英殿区域（该区域包括断虹桥、十八槐古迹、故宫冰窖等）、箭亭至文华殿区域、西河沿区域（该区域主要为文保科技用房与故宫文物医院）。

4. 2017年对外开放区域：畅音阁、扮戏楼、阅是楼。

5. 2018年对外开放区域：南大库。

武英殿

慈宁花园

箭亭广场南侧区域

故宫文物医院（2018 年 6 月 9 日首次开放）

在畅音阁举办“太和·世界古代文明保护论坛”

2017 年畅音阁首次开放

南大库作为明清家具展厅对外开放

第三节　故宫文化新空间完美呈现

故宫博物院的院容环境提升工作，遵从人与自然和谐相处的理念，意在有限空间中进一步增强山水人文的营造。通过系统的工作，让观众爱上这座城，爱上紫禁城，让故宫成为一种文化象征。

故宫三大殿东西有文华殿、武英殿，取“文修武偃”之意，希冀天下太平。园林绿化提升改造后，文华殿、武英殿区域因特色园林、唯美空间，成为观众赏花的最佳去处和“打卡”圣地。春末夏初，玉兰、海棠、丁香、榆叶梅先后绽开，极尽妍态，红墙黄瓦相映，处处呈现醉人景色。其时，文华殿前成片的海棠树，花开如海，繁花似锦；武英殿前白玉桥，碧波粼粼，白、紫两色丁香交相环绕，静谧香馥。岁到秋日，文华门前的银杏与海棠交织在一起，缕缕阳光透过已经泛黄的银杏树叶，照射在故宫的红墙上，和谐、美丽；与断虹桥畔“十八槐”交相辉映的，是紫禁城里最大的一片银杏林，金黄的银杏叶衬托着周围柿子树冠上的橙红果实，温暖、静谧。

海棠、丁香、银杏……就像武汉大学的樱花一样，似乎成了故宫一张极美的名片，引领观众走进一个创意的文化空间。漫步在皇家园林，仿佛穿越了时空隧道，走进了历史，一切都那么悠远、深沉、厚重、静美……

文华殿海棠图

文华殿外海棠花

文华殿外银杏

武英殿外白、紫两色丁香

断虹桥南丁香盛开

第四节 环境提升工作永无止境

未来，环境提升整治工作将持续不间断地实施开展，为公众呈现一个现代化、人文化、亲民化的一流博物馆。

一、研究工作贯穿于全部环境提升工作

随着故宫院容环境提升工作的进行，故宫环境整治工作的理念更加科学，提升工作更加精益求精，更具研究性。根据《中国文物古迹保护准则》第六条，“研究应当贯穿在保护工作的全过程，所以保护程序都要以研究的成果为依据”。因此，故宫博物院在进行环境提升工作的同时，也应将研究工作贯穿其中。

2015 年 5 月 14 日，根据事业发展需要，故宫博物院成立宫廷园艺研究中心，研究范围包括故宫园林历史景观保护及庭园保护规划，古树名木养护管理及科学保护，明清宫廷传统花卉的品种、摆放及栽培技术，宫廷历史园林科学保护与利用，以及皇家园林和宫廷园林的艺术特点及文化内涵等。今天，故宫的环境提升工作进入新的阶段，对于已经提升、整治、改造的区域，要继续提升保护意识与持续加强保护力度，例如对已有树种、花卉进行优化，充实名贵花卉等，

位于故宫博物院北院区的宫廷园艺研究中心

巩固与优化院容环境提升成果；未提升区域要在借鉴以往宝贵经验的基础上，利用最新的宫廷园林研究成果，持续开展环境提升工程，完美呈现紫禁城的完整形态。

二、环境工作要始终与时俱进

实践没有止境，解放思想，实事求是，与时俱进，开拓创新也没有止境。必须始终保持与时俱进的精神状态，永不自满和懈怠，勇于探索新实践，善于创造新经验，才能促进事物的和谐发展。

首先，要与时俱进，及时了解关于博物馆发展方面的法律法规。2016 年 12 月 25 日，第十二届全国人民代表大会常务委员会第二十五次会议通过《中华人民共和国公共文化服务保障法》。这是文化领域基础性、全局性、基本性的重要法律，对于文博单位具有重要历史意义，掀开了我国文博法治建设的新篇章。2018 年 7 月 4 日，由北京市文物局主办，北京博物馆学会协办的北京市地方标准《博物馆服务规范》（DB11/T1517—2017），对服务方式、内容进一步规范细化，以利于健全服务标准化体系，提高博物馆服务的整体水平。这些法律、规范，既提供了法律保障，又有利于细化工作标准，推动环境提升工作迈上新台阶。

其次，要与时俱进，不断开拓创新。故宫博物院环境提升工作阶段性成果的取得，反映了故宫人超前的创新理念与举措，具有独特而现实的指导意义，希望可以成为博物馆或者旅游行业的一个典范。当前，要始终保持与时俱进的状态，密切结合当下文化体制改革，响应党的十九大提出的“勇于变革、勇于创新，永不僵化、永不停滞”，提高标准，敢于尝试与创新。用“新”守护故宫，用“变”打造故宫，独具“创新”，独具“温情”，独具“文化情怀”，独具“故宫特色”。同时，环境提升工作要密切结合当下“互联网 +”思维，结合时代发展潮流，打造兼具社会效益和人文效益的故宫，更好地发挥故宫博物院服务公众、文化传播、社会教育等博物馆职能，用更为开放、积极的姿态面对公众，面对世界，面对未来。

附录

冰窖的故事

一

在冬季风寒的季节，就想着家乡的冰河。一个正月的夜晚做了个梦，梦见在夕阳里滑冰见到爷爷的场景。爷爷早已仙去，我突然动了扫墓的念头，同时也想看看家乡的冰。

那天早晨，五点就出门了，从市区开着车往太行山深处而去。一百公里以后，家乡已近。整片大地都还在暗蒙蒙的底色里，只有弯弯曲曲的河道，已是冰雪封冻，冰面上倒映着欲曙的天光，上游下游，开始像镜子一样地亮了起来。这时光线甚暗，冰河的镜面还显得那么的模糊，像紫禁城里蒙尘的古老铜镜，约略有斑斓的锈色。

这时，父老乡亲还没有起床，偶尔听到鸡鸣声。我站在村口静静地等待，等待那渐渐明亮的天色，等待那日出时的光耀，等待那一层一层把镜面擦亮到最后不可逼视的瞬间。悠然间，太阳从东山上露头，冰河几乎就是灿然的光，两岸的山石、枯丛悠然变成了美丽的剪影。顿时，我心无一物，却能感受到冰带给人的“美”的极致。

小时候的冰是冰冷的，又是温馨的；这一刻的冰是美丽的，又是永恒的。多少年过去了，每当回忆这次扫墓之行，恍如面对生命里无法言传而挥之不去的召唤，是用直觉感知的真真实实一种存在，是微微隐痛而确实微带甘甜的战栗。一川冰河，屋檐下的一根根长短不齐的冰凌——面对这些具体的物象，我终于又重新触摸到那几乎隐而不见，却又从来不曾离开片刻的“初心”。

二

人的旅程不可思议，没想到工作的后半程来到故宫。单霁翔院长是位了不起的领导和长者，在他的掌舵下，我生命中积蓄的一点能量得以释放。在他的规划下，故宫的西部区域如慈宁宫、慈宁花园、寿康宫相继对社会开放。曾经是宫廷女性生活的地方，终于掀起了“红盖头”，让人们可以尽情地一睹芳容。规划开放的这片区域中，单院长看准了曾经的内务府冰窖，决定日后将其作为古代冰窖体验区和餐饮休闲场所，为公众提供更好的服务。

生命如果真如一条河流，在接触故宫冰窖之前，我的心曾经是那么谦卑、安静，一如宫墙的垂柳，静静等待来年的春日。在空间与时间的交汇点上，我有幸能够接触"冰窖"这一文化遗存——一如满人信奉的神鸟，它可以作为心灵上的凭籍，引导着我在通往故乡的漫漫长途，渐渐找到新的路径。

作为冰窖项目实施者，我所能做和所要做到的，应是按照单院长的意思，尽力去呈现它自己而已。要让这个"自己"能够完整和圆满地呈现出来，要在规划、设计和作品里，把所有的思路和感觉清晰地传达出来，是一件很不容易的事情。

自此以后，我常常站在隆宗门外，静静地审视长满蒿草的冰窖。几百年前的事，仿佛太监宫女，在长长的红墙下你来我往走个不停。看到那熟悉的霞光和飞翔的乌鸟，心中无限酸楚，我终于明白了，在这世间要"完整的传达"，其实是不可能的。

冰窖餐厅入口处的花窗

冰窖餐厅入口处

冰窖
BINGJIAO

冰窖餐厅外景

三

紫禁城中的冰窖在明代就已建成使用，算来也有五百岁左右的年纪。我国北方夏季炎热、冬季寒冷，入冬储藏冰块供夏天使用的风俗由来已久，故宫冰窖也不是最早的。据典籍记载，古代宫廷采冰而储的历史可溯至周朝。宋人高承《事物纪原》载："《周礼》有冰人，掌斩冰，淇凌。注云：凌，冰室也。其事始于此。"

早在周朝的时候，王室就设有"凌人"这样的官职，专门负责采冰、储冰和用冰之事。那时，藏冰之地称为"凌阴"，也就是后来的冰窖。建筑构造和明清冰窖没有太多差别，可以把冬冰保存到夏末。夏天的时候，还有存冰的器具"冰鉴"，用青铜制成，存放食品可以保鲜，起着现代冰箱的作用。关于"凌阴"，考古发掘已发现遗迹，时代大约在东周；冰鉴已多有发现，且器具已很是精美。

《诗经》中有"二之日凿冰冲冲，三之日纳于凌阴，四之日其蚤（早），献羔祭韭"的诗句，说的是周人于腊月采冰，正月把冰储藏在凌阴，二月用冰镇的羔羊肉和韭菜来祭神。"国之大事，在祀与戎"，所以古人祭神祭祖的仪式十分频繁，祭器要精美，祭品要新鲜，否则就是对神的不敬。祭祀之后，还要把祭肉赐给亲贵大臣，名曰"散胙"，以示他们也可以分享神的庇护和保佑。

春秋晚期，在诸侯的宴席上就出现了冰镇米酒。《楚辞·招魂》这样记载："挫糟冻饮，酎清凉些。"王逸注称："冻，冰也。言盛夏则为覆蹙干酿，提去其糟，但取清醇，居之冰上，然后饮之。"意思是说，夏天将酿制好的米酒过滤其酒糟，然后冰镇，饮之则清凉可口，神清气爽。

唐时，市场上开始出现了卖冰的商人。《唐摭言》曰："蒯人为商，卖冰于市。"诗人杜甫则有"公子调冰水，佳人雪藕丝"（《陪诸贵公子丈八沟，携妓纳凉，晚际遇雨》二首其一）的诗句，称自己在长安丈八沟喝到了贵公子调制的冰水，吃了美人亲手做的莲藕。只是当时储藏冰块不太容易，到了夏天价格不菲，"长安冰雪，至夏月等价金璧"（《云仙杂记》）。

冷饮品类更为丰富的宋代，出现了把牛奶、果汁、药菊、冰块混合，调制成类似今天刨冰的名叫"冰酪"的饮品，北宋汴京的"沙塘冰雪冷元子"、南宋临安的"雪泡豆儿水"都属于此类。诗人杨万里很喜欢这一类饮品，曾作《咏酥》

诗大加赞赏："似腻还成爽，才凝又欲飘。玉来盘底碎，雪到口边消。"

到了元代，忽必烈的宫殿里出现了类似冰激凌的冻奶酪。意大利人马可·波罗来中国后很喜欢这种饮品，回国后把它介绍到西方，经过不断加工改进，逐渐演变成了如今的冰激凌。看来，追根溯源的话，冰激凌的根还是在中国呢。

四

明清时期，盛夏时节用冰已经很普遍了，不仅宫廷贵族用冰，民间用冰也很流行。清人王渔洋"樱桃已过茶香减，铜碗声声唤卖冰"的诗句中，昔日场景清晰生动，宛在眼前：京城卖冰者手持铜盏左右摇晃，清脆的响声吸引顾客前来买各种冰饮。这些饮品的镇冰，供冰时间从农历五月初一开始，至七月三十日为止，其货源都是来自冰窖。

关于明代冰窖的史料保存下来很少，但也见零星记载：雪池冰窖始建于明代，到了清康熙年间重新修葺。《藤阴杂记》这样记载："雪池，康熙中赐蔡升元，内府司员，冰雪施工，如期告竣。""雪池"，典出"雪窖冰天"，是冰窖的雅称，地面下挖四米许，地面上只露出一米多高的四壁，六座冰窖大约存冰三万二千块。据潘荣陛所撰《帝京岁时纪胜》，腊八日御河起冰贮窖，通河运冰贮内窖，太液池起冰贮雪池冰窖。恭俭冰窖的建筑年代和规制，大体上与雪池冰窖相同，因其位于恭俭胡同而得名。

清中期以前，冰窖分为两类：即官窖、府窖。布衣百姓不能擅自经营冰窖。到了晚清，管理不那么严格，民间也有一些冰窖出现，统称"民窖"。清代冰窖贮冰的使用，有着严格的规定，工部都水司所管的十八冰窖，统称为"官窖"，专门负责宫廷和官府用冰。当时京城有四处官窖，共十八座，其中紫禁城冰窖五，藏冰二万五千块；景山西门外、德胜门外、正阳门外共计藏冰十六余万块，以供宫廷、公廨之用。此外，城外的海淀、热河行宫、东西陵也都设有官办冰窖。

各冰窖贮藏的冰块，都是冬天从河、湖中开采的天然冰。每年立冬以后，要先期"涮河"，即捞去水草杂物，开上游闸门放水冲刷，再关下游闸门蓄水。冬至后半个月，工部都水司有采冰差役定员120名，开始在紫禁城筒子河、北海及中南海等处采冰，人手不够时还要加雇短工。

采冰差役用的皮袄、皮裤、长筒皮

清末北京夏日推独轮车的送冰者

手套，还有鞋子，都是官府专门定制的。采冰之前，都要相冰，看哪个地方的冰纯净透明且匀称坚厚，切割成一尺五寸见方，每块重约80千克。采过冰的冰面再次封冻后还可以继续开采，有些冰面能重复开采三四茬。采下来的成冰运到冰窖，再由熟练的差役由里向外、由下到上，一直码放到距窖顶数尺，盖上棉被，然后封闭窖门，直至第二年夏天取用。

取出来的冰块，可制作成各种冷饮。其中“冰镇酸梅汤”这种很受欢迎的饮品，几百年前便已在御膳房调制成熟，有除热解毒、祛痰止咳、生津止渴等功效 。民国以前，上至皇亲国戚、下至黎民百姓，每到夏天都爱吃冷食，乾隆皇帝的《冰椀》诗这样写道：

> 浮瓜沉李堆冰盘，晶光杂映琉璃丸。
> 解衣广厦正盘礴，冷彩直射双眸寒。
> 雪罗霜箪翩珊珊，坐中似有冰壶仙。
> 冰壶仙人浮邱子，朝别瑶宫午至此。
> 古人点石能成金，吾今化冰将作水。

这些来源于冰窖、用于制作“冰椀”、

民国时期的冬日采冰情景

冰镇西瓜、冰镇酸梅汤的冰块，在宫中大多放置在一种叫冰鉴的器具里。这种器具，相当于现在的冰箱。道光皇帝《冰鉴》也有句吟诵："日至颁冰候，凌人纳鉴中。贮饔能致爽，沁齿似生风。"

有年老的御厨出宫，把这种调制方法带到民间，做出的饮品受到百姓们的喜爱。那时北京城的大街小巷，干鲜果铺的门口，随处可见卖冰镇酸梅汤的摊主，手里拿着一对小铜碗，不时撞击，在炎热的夏日发出悦耳的声响。路人闻声，

大清乾隆御制款掐丝珐琅冰箱　故宫博物院藏

卖梅汤　见于法国国家图书馆藏《清国京城风俗图》

即使不喝酸梅汤，便已有望梅止渴的清凉之感，更何况喝下一碗暑气顿消，那个痛快难以言表。清人郝懿行《都门竹枝词》描绘的“铜碗声声街里唤，一瓯冰水和梅汤”，正是这样一幅市井消夏图。

五

紫禁城内冰窖，现称故宫冰窖，坐落在隆宗门西南的造办处外。四座冰窖形制完全相同，均为南北走向的半地下形式。从外表看，冰窖的建筑与宫中一般规格的建筑无异，黑筒瓦元宝脊、硬山顶，灰色的墙面，无窗，只在山墙的两端各开一券门，从门洞进入可拾阶而下至窖底。地下部分深约 1.5 米，窖内净宽 6.40 米，长 11 米。地面由大块石条铺就，其中一角留有沟眼，融化的冰水由此流入暗沟。地面以下的四壁由条石砌就，地面以上砌 2.6 米高的条砖，然后起条砖拱券形成券顶。窖墙厚达 1.5 米，隔热效果很好。故宫冰窖由于废弃已久，

冰窖南二室内部窖墙

百余年来没有进行过维修，冰窖墙面斑驳脱落，窖顶上长满了杂草。冰窖内部，堆放着废弃的杂物、施工工具，还有水泥之类的东西。夏天进入这里，依然寒气逼人。

这样古老且几近废置的冰窖，单霁翔院长想让它“活起来”，成为故宫观众们的饮食休憩之所，而这种餐饮和休憩之所要和故宫文化内涵主题所切合，其实并不容易做到。所以，只能以“不设计”为设计，从冰窖的品牌、环境入手，自然呈现出人文创意。考虑内部空间的表现手法，以及空间中丰富的文化内涵，再考虑到冰窖餐饮、休憩的机动性和舒适感，最后，将这一切消化理解，转化成当代人生活的品味需求。

然而，冰窖的设计、冰窖的经营，都面临很大的挑战。

面对迅即而变的市场经济，每个人都急切希望更快速的反应。被市场拖着走的疲惫身影，置身于急欲赚钱的躁动时代，创意和美感的源泉很容易被无情

空间改造前冰窖南三室内砖垛

挤压至干涸。我国的设计和审美的沉落，已经太久太久了。当代设计者们可以继续选择模仿西方，甚至选择继续颓废，但也可以选择自己改变和开创一个时代。改变，应是未来的设计者所具备的一份坚持、一个理念。勇于改变，梦想才可能成真。故宫的冰窖历经岁月打磨，已有了历史积淀中的温度与深度，并不“冰冷”，问题是如何启发人们面对“深度”而感动，以及是否愿意肩负起使命，让曾经的时代品味在当下延续、与当下呼应。所以，我们秉持着这样的理念——努力去成就这个时代对于冰窖历史内涵的传承，进而创造出属于这个时代的态度、品味，以及有深度的人文生活方式。如果我们的努力，能让更多的观众在亲身体验中获知冰窖的历史信息，进而在时空交汇中找到属于这个时代的文化成就，那么，也能留下一份经济富足后关于当代生活的美好回忆。

因此，决定一个时代精彩存续的关键，就在于对文化高度的理解与坚持。

如果对物欲一再纵容，那生活中的时代文明，也会随着时间远去而逐渐褪色，甚至消亡。所以，立足于当代的创造至关重要，做得好，才值得下一代咀嚼、品味。

对冰窖的诠释，就是要把握“冰”之主题，努力创造，为这个时代留下新的脚注，那就是“人文”，也是会被这个时代所保留下来的“美好记忆”。所以，我们坚信只要具备努力不懈的人文精神，以及持续不断的创造力，最终一个崭新的时代，就会在文化的发现和创意设计的过程中，经由一点点“品味”的积累，渐渐被垒砌起来。

六

冰窖已历经数百年，在当代文明环境里，每个人对于空间和生活，都会有不同的观察和需求，文化的再创造，就要为下一个时代全新的质感和品味高度提供最好的基础，创造最便利的条件。所以，一开始设计冰窖，为当代人服务的发愿，就像是人生的一次旅行；自然进入创意以后，陈旧的冰窖就好像焕发了新生，这便让人充满了期待。所以，冰窖每一个环节的设计，无论是对既有空间的重新修葺，还是出于功能的考量而新建，从设计开始到与冰文化相连接，这一过程中，许多人生中短暂而美好的片断记忆便不断涌现。这些片段中，便也包括年少时在故乡经历的微小却动人的琐事——这也可算作是创作者人文内涵的积累，甚至参与构成了一件作品中令人感动的细节。

冰窖历经数百年沧桑，一年又一年的风雨剥蚀，似已在我脑海中留下印记；这其中的内涵蕴藉深远，细腻生动，在今天在设计创意过程中滋养出丰富的文化图像。

当我们重新定义故宫冰窖再设计时，一开始要面对的问题便是：到底应从“人”的角度来思考生活，还是从“窑洞”的角度来看待既有空间？这包括了人和弃置空间在当下所扮演的角色问题，其中还包含了许多复杂又细腻的对应关系。所以，理性地探讨冰窖设计，到底是将人的需求至于首位，还是优先满足空间的条件？我认为，在设计伊始，人的需求是第一位的。如果设计过程中，没有加入文化和适度的“当代性”，那冰窖便会仅仅是供应餐饮的实用空间，成为一个不具备欣赏性与想象力的半地下洞窖，这样的它是没有生命的。设计冰窖的具体实践，有点像学生做作文，要围绕“冰”这个主题组织材料，延伸至生活中舒适的、令人悠游其间的真实感受。这样，设计中的老与新、虚与实，才有可能构成诗意的空间，才值得反复玩味。

十八棵槐以北、隆宗门以南的冰窖区域，经年累月，杂草丛生，且间有一些建筑垃圾散落。这片百年间没人过问的地方，似是浓缩了晚清皇家芳草萋萋的旧景。不过，只要稍作一些当代设计——譬如介于冰窖四与两券殿间的咖啡屋，介于冰窖三与冰窖四之间的厨房，譬如可以欣赏美景的二层露台、冰窖外可以欣赏红墙老松的近百米的平台——这些空间都已糅合了传统建筑的文化意象，就可以结合数百年的历史背景，把昔年宫廷盛景，与新创的冰窖品牌合而为一。

长期以来，对于故宫空间的每一次创意和设计，我都会反复地思考创造这些空间背后的目的和意义。从环境、空间到文化，是什么能够特别吸引观众，让他们愿意去欣赏？所以，在每一次创意与设计的过程中，我都要找到一个可以说服自己的理由，再去完成每一次呈现。接下来的设计过程，在对文化历史、环境空间的定位思考中，则是运用传统

冰窖书吧

餐厅及琉璃冰饰

包厢及琉璃冰饰

中国造园中最简单的技巧——因地制宜、移情入景的手法来安排。这样，观众来休憩消费，便有机会清楚意识到故宫冰窖所具备的文化深度和内涵。

所以，一个结合了当代建筑形式与传统园林模式，运用现代材料，在树木参天、红墙黄瓦之间来安排符合冰窖未来所需要的综合环境，终于在多方的努力下诞生了。这时，我们便可以清楚地理解，原来中国古人的建筑与造园，竟然就已经把人文思考和社会消费，以及人与人之间的互动考虑进去了。这种考虑，是从室内到室外、从建筑到环境、从生活到美学的。最终，从古到今，这些取自传统文化的收获，都被我们虚心地汲取消化，今日冰窖呈现的，便是以人文、质感为目标，在传统与创意中诞生的场所。

冰窖内券顶数百年的老砖，像历经沧桑的老人，岁月的痕迹是那么的明显、斑驳、沉郁。那悬挂着的，一盏盏专门定制的水晶灯，姿态恍如于冬日屋檐下挂着的

晶砖及琉璃冰饰

餐厅内景

冰凌，垂垂欲坠，趣味盎然，与古砖沉郁的深灰色，形成了动与静的对话。

整个装修主题围绕“冰”来组织材料，进出口的墙壁都用了水晶砖砌就。设计者还不满足于此，又在柱子、围栏处挂满了水晶砖，甚至从地面砌起了水晶垛，营造出窖内寒气袭来、寒光逼人的感受。冰窖这样独特而古老的空间，在中国大地上屈指可数，凡游故宫者，大多都要在此歇歇脚，冰窖也如阅尽人世的老者等待别人来此一坐，就连冰窖的凳子，也好像沁了岁月的气息。冰窖也以一位老者的慈祥，让每一块水晶材质，让每一件家具都有了文化，有了表情。休憩于其间的人，也能由此对古代社会中优裕从容的生活方式，有了片刻生动感受。

对冰窖既有空间的改造与提升就是这样。感人的空间，一定有设计者的情感投入，文化创意的延伸不应忽略我们脚下的土地，不应忽视从文化中、从生活中来的真实记忆，在表现“传承”和“当

餐厅石墙

琉璃冰饰

餐厅铺设的地面装饰

包厢内景

《冰嬉图》壁画

代”时，才会有血有肉有情感。

冰窖所加入的现代内容，须尽量体现实用性，但也不妨碍表现它的美感。在总体外观设计上，厨房屋顶的露台和长约百米的窖外平台，营造出了一种环境视觉的错落感，让观众至此感受到不同的空间区分，在展现层次美感的同时，也让观众成为了历史的体验者与现实的参与者，好像交错行走于不同的时空。百米平台特意做了绿化带，上面放置大小、形状不一的石头，其中一块上，植有一株小树，还有不知名称的、类似荆棘的植物，南北向路面就被挡在视线之外。

进入冰窖的主入口处，南北夹道尽头安排了两个小景：南植松，北移石，并用中有大大圆孔的门隔断。远远望去，松树枝干虬曲、老枝横披、虚实相间；而石头则是上百年弃之不用的，曾静悄悄地躺在杂草里，冰窖改造启用时移到了此处。这是块太湖石，现在虽然少了些许南方的灵动，但多了北方的沉稳大气，其上沟壑纵横，孔洞密布，可观可赏。一树一石，厮守在一起，不论春夏秋冬。好像也在印证、演绎着一段如《红楼梦》里“木石前盟”那般缠绵悱恻的故事。

冰窖餐厅露天餐位

七

隆宗门外冰窖的东侧，那段去年才修葺过的路面铺设了类似青砖的石头，人们称它“蒙古黑”，踩在上面，有很舒服的触感。路东侧绿茵茵的草地上，长着一株株粗壮且造型独特的松树，再向南，便是有名的“紫禁十八槐”，这些槐树的历史可上溯至明代。比十八棵槐树更年老的，就是与它们比邻而立的断虹桥了。故宫现存的元代旧物很少，断虹桥或许就是唯一的地面遗存。桥面上一尊尊历经沧桑的石狮，已然斑驳，有的面貌已模糊不清，六七百年来蹲在空荡荡的桥头。好在位于故宫西部的冰窖，以及慈宁宫、寿康宫已对公众开放，令人沿着这条线路，不仅可就餐、休憩，也可一睹历史遗迹的风韵。冰窖餐厅开放后，这条线路的观众也会愈发多起来。

这一切来自于生活的创作，古老、单纯、自然而又生机勃勃，在人们饮食与休憩的不经意间，注入了安静的力量。推门而入，人仿佛进入了历史，心也顿时安定下来。

或许观众的热情感染了宫中的鸦雀，它们也在空中聚集起来，纷纷飞赴冰窖外觅食。冰窖西南侧武英殿书画的墨香，以及西北侧慈宁宫佛堂的诵经声，也好像从历史深处传来，仿佛天地神祇和祖先英灵在呼唤，我不禁心中震动，在敬畏中感受到孺慕般的温暖。

故宫是一部永远看不完的大书，千种求知的愿望铺展开来。而冰窖的“复活”，也让我开始察觉，“还乡”原来并不是路程的终结，反而是一条探索之旅的开始。

冰窖餐厅外主要步道旁植松、置石，绿草如茵

知识链接

清代除了宫廷冰窖，还有一类府窖，是专门为王府建立的冰窖。并不是所有王府都有资格建置冰窖，只有少数几位功勋卓著者“铁帽子王”，经皇帝特许后才获得建窖储冰的特权。所以尽管当时京城王府很多，但府窖只有少数几处。例如地安门外的白米冰窖胡同（现白米北巷）的冰窖，就曾是恭王府的府窖。

清晚期官禁松动，民间陆续开设了一些冰窖，比较著名的有：永定门外桥东河沿的合同冰窖、东便门外桥北的义成冰窖、前门外金鱼池的新记冰窖、什刹海南岸的宝泉冰窖、中南海东南角的永顺冰窖等。晚清宫廷举办重大活动，官窖藏冰不敷用时，也会从民窖里采办一些。那时夏季卖冰，市场需求很大，利润也高，每百斤冰可卖五两银子。有的王府看到冰市行情好，便把府窖承包给商人，从中分利。

冰窖又有砖窖、土窖之分。砖窖由条石和砖砌成，隔热性能较好，所藏冰质纯净，主要用于宫廷生活和庙坛祭祀。土窖相对简陋一些，是挖土坑，筑土墙，其上搭盖芦席棚顶而成的简单冰窖，隔热性能差，冰质的纯净度也不及砖窖。

后记

党的十八大以来，以习近平同志为总书记的党中央主动认识新常态、适应新常态、引领新常态，全面推进社会主义生态文明建设。2013 年 4 月，习近平总书记在海南考察工作时指出，良好生态环境是最公平的公共产品，是最普惠的民生福祉。故宫博物院作为开放的公共文化服务机构，作为传承与发扬传统文化的典型载体，为公众提供安全、舒适的参观环境，营造优质、多样的公共文化空间，成为新时期故宫事业发展的新常态。

故宫院容环境提升工作即是在尊重故宫园林、古建筑、文物真实性与完整性的前提下，对故宫基础设施、区域室外环境、区域室内环境、园林绿化景观的全面改造与提升，意在为公众提供最公平、普惠的公共产品。截至 2018 年，经过近 5 年大力度的环境提升与整治，从室内到室外，从基础设施更新到区域性环境改造，从细节创新亮点到公众服务，该项工作辐射到全院的各个角落，故宫博物院环境焕然一新，故宫环境真正“活起来”。“臻致焕新”，院容环境提升工作在追求创新的同时，优先考虑“方便观众为中心”，基础设施增设更新突出对公众的人性化服务，园林绿地景观提升突出人文气息与文化色彩，转变了公众对故宫只是游览景点的刻板印象，全面、立体地发挥了故宫作为公共文化服务空间的社会教育功能，更好地展现了故宫传统文化与悠久历史的独特魅力。

故宫院容环境提升工作，发挥故宫人特有的工匠精神、创新精神，探索出属于独具故宫特色的环境提升模式，输出自我形象品牌，亮出故宫“名片”，成为行业环境整治的典范与对比参照物。但是，环境提升工作永无止境，永远在路上。今后，我们将继续秉持“保障故宫安全、观众安全，做好观众服务工作”的态度与理念，深化院容环境提升工作研究，加大环境提升力度，扩大整治辐射范围，拓宽环境改造维度，对标国际博物馆的水平，为公众提供更多优质的文化服务环境。